荷斯坦母牛
育肥技术

孙 鹏 等 编著

中国农业科学技术出版社

图书在版编目（CIP）数据

荷斯坦母牛育肥技术 / 孙鹏等编著 . -- 北京：中国农业科学技术出版社，2025.5. -- ISBN 978-7-5116-7409-8

Ⅰ . S823.9

中国国家版本馆 CIP 数据核字第 2025JR0279 号

责任编辑	金　迪
责任校对	李向荣
责任印制	姜义伟　王思文

出 版 者	中国农业科学技术出版社
	北京市中关村南大街 12 号　邮编：100081
电　　话	（010）82106625（编辑室）（010）82106624（发行部）
	（010）82109709（读者服务部）
网　　址	https://castp.caas.cn
经 销 者	各地新华书店
印 刷 者	北京建宏印刷有限公司
开　　本	170 mm×240 mm　1/16
印　　张	6.5
字　　数	110 千字
版　　次	2025 年 5 月第 1 版　2025 年 5 月第 1 次印刷
定　　价	56.00 元

版权所有·侵权必究

《荷斯坦母牛育肥技术》
编著人员

主 编 著 孙 鹏
副主编著 杜德伟
编著人员（按姓氏拼音排序）

白振川　成海建　戴浩南　国　佳
韩永胜　郝　月　郝剑刚　黄　棋
李树静　刘佳琪　卢庆萍　南雪梅
史利军　苏华维　肖　阳　张松山
赵增元

2025年2月23日发布的中央一号文件,即《中共中央 国务院关于进一步深化农村改革 扎实推进乡村全面振兴的意见》中指出:"扶持畜牧业稳定发展。推进肉牛、奶牛产业纾困,稳定基础产能。"近年来,随着农业现代化步伐的不断加快和畜牧业转型升级的迫切需求,科学化、规范化的育肥技术正逐渐成为提升养殖效益的重要支撑。目前,中国肉牛行业正处于一个健康发展的阶段,产业结构逐渐成熟,冷链物流基础设施不断完善,养殖技术也在不断提升。尽管面临进口牛肉竞争和国内库存积压等问题,但消费市场的持续增长为行业提供了发展动力。荷斯坦牛作为我国主要的优质乳用牛品种,其在奶业中具有举足轻重的地位。然而,在其生产周期中,会出现不良体型、低产、恶癖、泌乳障碍、繁殖障碍等多种问题,这部分母牛将被淘汰。通过对这部分淘汰母牛进行科学的育肥管理,不仅可以实现资源的高效利用,更能为产业链增添新的经济增长点。未来,荷斯坦母牛育肥技术的研发和应用将为全产业链的发展扣上关键的一环,将为我国牛肉市场的健康、稳定和可持续发展提供新的动力。

本书全面梳理了荷斯坦母牛育肥过程中涉及的核心理论与实践,多角度全面探讨了荷斯坦母牛特有的育肥及饲养管理技术。全书共分为八章,主要内容包括:肉牛产业的发展概述、育肥荷斯坦母牛生产性能的评定与选择、荷斯坦母牛育肥的日粮配制与饲料加工调制、荷斯坦母牛育肥技术、荷斯坦母牛育肥管理、疾病防控技术、环境控制技术和育肥荷斯坦母牛的运输。

本书是在国家肉牛牦牛产业技术体系（CARS-37）、"十四五"国家重点研发计划子课题（2022YFD1300505-2、2022YFD1301101-2）、中央级公益性科研院所基本科研业务费专项（Y2025YC52）、中国农业科学院科技创新工程（cxgc-ias-07）资助下完成的。本书是多人智慧的结晶，在此由衷地感谢为书稿编著提供帮助的各位老师和同学。

鉴于作者水平有限，本书编写时间紧、任务重，书中存在疏漏与不足之处在所难免，敬请广大读者批评指正。

编著者
2025 年 4 月

目录 / CONTENTS

第一章　肉牛产业的发展概述 … 1
- 第一节　国内肉牛产业发展现状 … 1
- 第二节　淘汰奶牛产业发展进程与现状 … 3
- 第三节　荷斯坦母牛育肥对环境的影响 … 9
- 第四节　荷斯坦母牛育肥的经济效益分析 … 13
- 第五节　荷斯坦母牛育肥中面临的挑战与未来发展趋势 … 14

第二章　育肥荷斯坦母牛生产性能的评定与选择 … 19
- 第一节　育肥荷斯坦母牛生产性能的主要评定指标 … 19
- 第二节　育肥荷斯坦母牛胴体品质评定标准 … 22

第三章　荷斯坦母牛育肥的日粮配制与饲料加工调制 … 26
- 第一节　荷斯坦母牛育肥及营养需求 … 26
- 第二节　日粮配制与饲料加工调制 … 27

第四章　荷斯坦母牛育肥技术 … 34
- 第一节　育肥技术原理 … 34
- 第二节　荷斯坦淘汰母牛与普通肉牛育肥技术的比较 … 35
- 第三节　肉牛育肥技术在荷斯坦淘汰母牛育肥中的应用 … 37
- 第四节　荷斯坦母牛育肥技术的实施 … 38
- 第五节　花纹牛肉生产 … 41
- 第六节　未来发展方向 … 45

第五章　荷斯坦母牛育肥管理 … 47
- 第一节　育肥期饲养管理 … 47
- 第二节　荷斯坦母牛出栏要求 … 52

第六章 疾病防控技术 54
第一节 常见疾病的诊断与治疗 54
第二节 疾病防控的关键技术与综合管理策略 65

第七章 环境控制技术 68
第一节 冬季饮用温水技术 68
第二节 养殖场灭蝇技术 70
第三节 舒适的环境条件 73
第四节 通风与光照 76
第五节 卫生管理 77

第八章 育肥荷斯坦母牛的运输 79
第一节 运输的重要性与基本原则 79
第二节 运输前的准备工作 81
第三节 运输过程管理 84
第四节 运输后的管理与评估 86
第五节 未来发展与技术创新 87

参考文献 89

第一章 肉牛产业的发展概述

第一节 国内肉牛产业发展现状

一、国内肉牛养殖发展现状

（一）出栏量与存栏量总体持续增长

20世纪80年代至2008年是我国肉牛产业的快速发展期。由农业农村部畜牧业司和全国畜牧总站编写的各年度《中国畜牧业统计》可知，我国1980年存栏牛和出栏牛分别为7 167.6万头和332.2万头，2008年的存栏牛和出栏牛分别为10 576.0万头和4 446.1万头，牛肉产量也从1980年的26.9万t增长到了2008年的613.2万t，这都得益于农业机械化的普及和市场需求的推动。但2010年后，部分地区出现存栏量下滑。例如，河南省2010年肉牛存栏量较2008年减少34.7万头，2012年进一步降至861.81万头。全国范围内，肉牛存栏量在2010年跌破1亿头后，长期在9 000万头左右波动，2021年恢复至9 817万头，同比增长2.7%。出栏量方面，2021年出栏肉牛达4 707万头，创近8年新高；2024年进一步增至5 099万头，连续两年突破5 000万头。这表明尽管存栏量波动，但养殖效率的提升支撑了出栏量的增长。

（二）区域分布与产业带已成型

目前，我国已形成四大肉牛产业带。

1. 东北肉牛带

依托草原资源，规模化养殖占比高，2023年存栏量增幅超4%。

2. 中原肉牛带（河南、山东等）

传统养殖大省，例如在2023年，河南驻马店市肉牛存栏76.42万头、出栏50.7万头，肉牛饲养量位居全省第一，其中存栏全省第一、出栏全省第二。

3. 西北肉牛带

草场资源丰富，养殖成本低，成为新兴增长区域。

4. 西南肉牛带

云南、四川存栏量常年保持在800万～1 000万头，是南方牛肉主要供给区。

（三）产业链与养殖科技取得进步

肉牛产业链从传统散养向规模化、标准化转型。龙头企业通过"公司＋农户"模式整合资源。技术层面，品种改良（如秦川牛、鲁西黄牛）和饲料配方优化显著缩短了肉牛生长周期，出栏时间从3年降至18～24个月。此外，疫病防控体系和冷链物流的完善提升了产业链韧性。

二、国内牛肉供给及价格现状

（一）供给端产能扩张与进口冲击导致结构性过剩

1. 国内生产持续增长

20世纪80年代，我国牛肉年产量不足30万t；2021年增至698万t；2024年全国肉牛出栏5 099万头，比上年增加75万头，增长1.5%；牛肉产量779万t，比上年增加26万t，增长3.5%，远超农业农村部规划的2025年680万t目标。东北、西北和西南地区成为养殖新增长区域，东北地区产能领先。此外，受奶价低迷影响，大量淘汰奶牛转为肉牛，进一步增加牛肉供给。

2. 进口牛肉激增冲击市场

我国自2012年起成为牛肉净进口国，2021年进口量达233万t，依赖度达25%；2023年进口量达274万t，占国内产量的36.4%；2024年进口287万t，同比增长4%。进口牛肉凭借低价优势（2024年进口均价约35元/kg，仅为国产牛肉的60%）持续涌入，低价进口牛肉（如南美产品）对国产中低端牛肉形成替代，进一步挤压养殖利润。

3. 库存高企加剧过剩压力

2024年上半年肉牛期末库存约158.08万t，同比增长33.7%，处于历史高位。供给端内外双重增量导致供需失衡,市场呈现"供增需弱"格局。

(二)价格走势持续下行后呈现企稳迹象

1. 价格长期下跌创五年新低

2020—2021 年因猪肉替代效应和存栏不足,牛肉价格一度高涨。但 2023 年后供需反转,价格进入下行通道。2024 年 10 月牛肉均价 24.95 元/kg,较 2021 年峰值下跌 10.24 元/kg;2024 年 12 月牛肉批发价 59.88 元/kg,同比下跌 16.2%。部分主产区价格甚至跌破 50 元/kg。

2. 短期波动与企稳预期

2025 年 1 月第 5 周全国牛肉均价 65.82 元/kg,环比微涨 0.6%,但同比仍跌 17.4%。国际牛肉价格上涨(2024 年 10 月国际指数较 1 月份涨 12.4%)导致进口成本上升,进口量可能缩减。叠加商务部启动进口保障措施调查,市场预期价格将逐步企稳,但供给过剩背景下反弹幅度有限。

(三)消费端存在增长乏力与结构性矛盾

1. 人均消费量偏低且增速放缓

人均牛肉消费量从 2000 年的 4.3 kg 增至 2023 年的 7.5 kg,但仍低于全球平均水平(10.4 kg),更远低于阿根廷(38.1 kg)、美国(26.3 kg)等国家或地区。2024 年消费量仅增长 4%,需求端疲态明显。

2. 替代品挤压与消费分层

猪肉、鸡蛋等替代性动物蛋白的价格较低,导致消费者更倾向于选择这些替代品,从而减少了对牛肉的需求。2024 年猪肉价格反弹后,牛肉消费进一步承压。同时,消费呈现分层化:高端市场依赖进口优质牛肉,中低端市场受国产及进口冻肉竞争。消费结构则呈现三大趋势:家庭消费多元化,牛排、牛肉片等深加工产品占比提升;户外消费扩张,餐饮渠道(如烧烤、快餐)贡献 40% 以上的消费增量;高端化需求,雪花牛肉、有机牛肉在一线城市渗透率超 20%。

第二节 淘汰奶牛产业发展进程与现状

荷斯坦牛作为全球最主要的乳用品种,其母牛的育肥利用长期处于辅助地位。回溯到 20 世纪 70 年代之前,在乳业发展相对成熟的发达国家,主要采取淘汰低产或老龄母牛的方式进行短期育肥（图1-1）。这里所说的淘汰奶牛，指的是那些从奶牛群中筛选出来的个体。它们被淘汰的原因多种多样，或是年龄偏大，身体机能衰退；或是健康状况不佳，影响正常产奶；或是产奶量长期低下，达不到养殖效益标准；还有部分是因为繁殖方面出现问题，无法持续维持乳业生产需求。

图1-1 淘汰奶牛运输

淘汰奶牛的育肥，在整个畜牧业资源循环利用体系中占据着关键位置。一方面，它有效地缓解了乳业长期存在的产能过剩压力，避免了大量奶牛因低产而造成的资源浪费；另一方面，为牛肉市场补充了稳定的供应，提升了畜牧业的整体经济效益。从全球范围来看，约44%的牛肉源自淘汰奶牛和奶公犊，这一比例在欧美等发达国家和地区表现得更为突出。像美国、欧盟、以色列等国家和地区，凭借着先进且高效的育肥技术体系，成功地将淘汰奶牛转化为高品质的牛肉资源，不仅实现了可观的经济效益，还兼顾了生态效益，在资源利用和环境保护之间找到了良好的平衡点。

相比之下，我国荷斯坦母牛育肥产业的发展起步相对较晚。在早期阶段，由于技术和理念的限制，对于淘汰奶牛大多采取直接屠宰的简单处理方式，缺乏系统性的育肥技术，造成产出的牛肉品质欠佳，经济效益也十分有限。不过，随着我国经济的快速发展和市场结构的不断调整，乳业面临转型升级的需求，同时牛肉市场需求呈现爆发式增长。在此背景下，荷斯坦母牛育肥逐渐成为行业关注的焦点，越来越多的从业者开始投身于这一领域，探索适合我国国情的育肥模式和发展路径。

一、国内外荷斯坦母牛育肥现状

（一）国内荷斯坦母牛育肥现状

在2000年以前，国内荷斯坦母牛育肥尚处于萌芽状态。当时，受限于技术水平和市场认知，荷斯坦母牛大多被用于生产低端肉制品，甚至直接屠宰，几乎没有形成系统的育肥流程和方法。这种粗放式的经营模式，使得产出的牛肉在肉质方面存在诸多问题，口感差、品质低，在市场上缺乏竞争力，最终导致养殖效益低下，无法为养殖户带来可观的收益。

2000—2020年，国内荷斯坦母牛育肥迎来了快速发展的黄金时期。在此期间，一系列有利因素推动了该产业的蓬勃发展。《全国奶牛遗传改良规划》的实施成为关键驱动力，极大地促进了良种覆盖率的提升，奶牛单产水平也随之增长了73%，为育肥产业提供了优质的牛源基础。与此同时，农业机械化的快速推进，使得传统耕役牛的需求大幅减少，肉牛市场需求却在不断激增。乳业发展过程中遭遇的危机，也倒逼行业进行转型升级。以2015年为例，当年淘汰奶牛肉用数量达到377万头，占牛肉供给总量的20%，奶公犊育肥数量为241万头，两者合计为市场贡献了超过600万头的牛肉，有力地证明了荷斯坦母牛育肥产业在牛肉市场中的地位日益重要。

2020年之后，国内荷斯坦母牛育肥进入了结构调整阶段。在这一时期，短期育肥（3～4个月）与长期育肥（6～8个月）技术开始逐步推广应用。养殖户根据市场需求和牛只生长特点，灵活选择合适的育肥周期。在饲料选择上，也更加科学合理，精饲料比例提升至牛体重的1.7%，粗饲料则主要以青贮玉米、酒糟为主。这种搭配既保证了牛只的营养需求，又能降低养殖成本。随着乳业市场的进一步发展，原奶过剩问题日益凸显，奶牛淘汰力度加大。2023年，淘汰量达到200万头，占肉牛出栏量的4.2%，产业结构在市场调节下不断优化。

（二）国外荷斯坦母牛育肥现状

在20世纪中叶，欧美国家的乳业进入规模化发展阶段，同时牛肉消费市场需求呈现出爆发式增长。基于此背景，荷斯坦母牛受到系统化利用。欧盟通过实施共同农业政策等一系列政策措施，积极引导奶业与肉牛业协同发展。在这种模式下，荷斯坦母牛生产的牛肉在牛肉总产量中的占比达到30%～50%，形成了独具特色的"奶肉一体化"产业模式，实现了资源的高效整合和利用。

美国则充分依托其成熟完善的屠宰加工产业链，构建了"犊牛育肥—屠宰—分销"一体化的产业模式。荷斯坦母牛在淘汰后，会直接进入育肥场或屠宰环节。美国超过40%的育肥牛群是由犊牛直接育肥而来，对于淘汰的荷斯坦母牛，通常经过短期育肥后就进行屠宰，其肉质能够达到市场分级标准。部分母牛还会通过延长育肥期至6～8个月，进一步改善肉质，一些高端部位的嫩度甚至可以与谷饲牛肉相媲美。在美国，规模较大的育肥场发挥着重要作用，存栏超千头的育肥场处理了超过80%的荷斯坦母牛。这些育肥场通过垂直整合产业链，实现了从养殖到销售的全过程管控，有效降低了市场风险，提高了产业的整体竞争力。

澳大利亚原本主要依赖草原放牧的养殖方式。然而，2012—2013年的严重干旱给当地畜牧业带来了沉重打击，奶牛淘汰率急剧上升，大量育肥场被迫关闭，存栏量从2014年的2 910万头开始持续下滑。为了应对危机，澳大利亚积极进行产业转型，育肥环节逐渐高度集中，如今90%的产能由存栏千头以上的大型牧场承担。这些牧场采用青贮玉米进行短期催肥，取得了显著效果，牛只日增重超过1 kg。此外，澳大利亚政府通过实施进口管制政策稳定奶价，并积极推动荷斯坦母牛向东南亚高端市场出口，成功拓展了国际市场空间。

日本的荷斯坦母牛在其牛肉来源中占比高达80%。日本十分注重对荷斯坦母牛高档部位肉的开发，如肋肉、臀肉等。通过独特的"和牛化"育肥技术，显著提升了牛肉的大理石纹评分，使牛肉的品质达到顶级水平。同时，日本引入了RFID追溯系统，对牛肉从养殖到销售的全过程进行严格监控，确保了肉质安全，进一步提升了品牌的溢价能力，使得日本的荷斯坦牛肉在国际市场上备受青睐，享有很高的声誉。

二、国内外荷斯坦母牛育肥的相关政策支持

（一）国内政策支持

为了推动荷斯坦母牛育肥产业的健康、快速发展，我国各级政府出台了一系列涵盖多个方面的政策措施，全力为该产业提供支持和保障。

1. 加大资金补贴力度

许多地方政府纷纷加大资金投入，通过多种方式为养殖户和相关企业提供直接的经济支持。安徽省淮北市人民政府发布的《关于肉牛产业高质量发展十条政策措施》明确规定，政府每年会从农业高质高效发展资金中专门拨出一部分专项资金，用于支持规模养殖、良种繁育推广以及屠宰企业加工育肥出栏肉牛等关键环节。这一举措为产业发展注入了强大的资金动力，有效降低了养殖和生产过程中的成本压力。内蒙古兴安盟行政公署则采取"先建后补、以奖代补"的创新方式，对肉牛育肥能力和屠宰能力的提升给予大力支持。这种方式充分调动了企业和养殖户的积极性，鼓励他们主动提升自身的生产能力和技术水平。赤峰市翁牛特旗在奶业振兴项目政策中，针对养殖荷斯坦母牛的奶牛家庭牧场和奶农合作社等新型农业经营主体制定了补贴政策。每头牛的补贴标准不超过400元，补贴资金主要用于饲草料种植、收获、加工、贮藏以及养殖设施装备的升级改造等方面。这不仅减轻了养殖户的经济负担，还助力他们改善养殖条件，提高养殖效益。吉林榆树市出台的奖励政策也颇具特色，对于不同规模肉牛存栏量的养殖场（户）给予相应奖励。存栏100～149头的，每户奖励2万元；存栏150～199头的，每户奖励3万元，依此类推，最高奖励可达15万元。而且该政策明确规定，只有实际养殖肉牛的养殖场（户）才有资格获得奖励，并且可以同时享受其他相关补贴政策，极大地激发了养殖户的养殖热情。西藏自治区积极开展奶牛短期育肥技术模式研究，并建立了示范点。通过示范点的建设和推广，养殖效益提高了10%以上。以上政策和资金支持，从多个层面降低了养殖户的生产成本，有力地推动了奶业产业链的升级，为荷斯坦母牛的育肥转型提供了坚实的保障。

2. 增加良种养殖与培育补贴经费

自2005年起，国家开始实施良种奶牛养殖补贴政策，对引进优质奶牛的养殖户给予实实在在的财政补贴。以2008年为例，广西全州县共有4万头荷斯坦奶牛和西门塔尔能繁母牛从中受益，共获得了107万元的补贴。这一政策

直接降低了养殖户引进优质奶牛的成本,鼓励他们积极引入优良品种,提升养殖效益。国家还对培育顶级种牛的企业给予高额奖励。对于排名进入国际前200或国内前50的荷斯坦奶牛育种企业,每头牛奖励100万元;对于排名进入国内前100的西门塔尔牛育种企业,每头牛奖励50万元。这些补贴与奖励措施,极大地激发了养殖户引进优质品种的积极性,有力地促进了荷斯坦母牛育种技术的进步。通过不断优化奶牛品种,不仅提高了奶牛的生产性能和经济效益,还显著提升了我国奶牛育种企业在国际市场上的竞争力。

3.推广标准化养殖与育肥技术,构建紧密的肉牛产业链

为了提高奶牛养殖的集约化水平,减少资源浪费,提升荷斯坦母牛的育肥效率和经济效益,各地政府积极推广标准化养殖与育肥技术,致力于构建完整紧密的肉牛产业链。在规模化养殖场建设方面,政府给予了大力支持,针对标准化规模奶牛养殖场提供不同金额的建设补贴,鼓励养殖户扩大养殖规模,提升养殖的标准化程度。陕西省神木市在"十四五"规划中明确提出,通过实施补贴政策和建设基础母牛养殖示范村,推动从外调、育肥到加工销售的全产业链标准化进程。这一举措有助于规范产业发展,提高产品质量,增强市场竞争力。内蒙古锡林郭勒盟也积极响应,提出加快发展肉牛育肥产业的目标,并大力推广全混合日粮饲喂模式和标准化饲养技术。这些先进的技术和模式,能够根据奶牛的营养需求进行科学喂养,提高饲料利用率,促进奶牛健康生长。四川省则鼓励地方建立"繁育—育肥—屠宰加工"各环节分工合作、利益均分的产业模式,通过合理的利益分配机制,充分调动了各个环节从业者的积极性,特别是带动了能繁母牛养殖的积极性,为产业的可持续发展奠定了坚实基础。

(二)国外政策支持

在国际上,许多国家也出台了一系列政策支持荷斯坦母牛育肥相关产业的发展。

俄罗斯联邦政府依据2012年颁布的《从联邦预算中分配和分配补贴的规则》,向各省(包括自治州等)分配用于畜牧业育种的补贴,其中对育肥牛的育种补贴尤为重视。这一政策为俄罗斯的肉牛养殖和育种提供了有力的资金支持,促进了育肥牛产业的发展。

美国通过农业法案,为奶牛良种繁育提供补贴。在实施过程中,优先选择奶业优势区域进行试点,补贴标准为每支优质冷冻精液10美元。此外,美

国政府还通过牲畜饲料灾害计划，为受干旱等自然灾害影响的牲畜生产者提供补贴。自 2008 年到 2022 年，该计划已累计向美国各地的牲畜生产者提供了超过 120 亿美元的补贴，有效缓解了养殖户在面对自然灾害时的经济压力，保障了畜牧业的稳定发展。

荷兰针对不同类型的奶牛，制定了差异化的补贴标准。对于淘汰奶牛，在配额支持和粪肥处理等方面都有相应的补贴政策。这些政策既考虑到了淘汰奶牛的合理利用，又注重环境保护，促进了奶牛养殖产业的可持续发展。

土耳其政府同样重视畜牧业发展，对每头新生犊牛补贴 350 土耳其里拉，但要求养殖户满足定期接种疫苗等条件，以确保犊牛的健康成长。同时，根据牧草种类的不同，每公顷给予 30～100 土耳其里拉的补贴，并且为符合条件的牲畜提供保险费用减免。这些政策综合考虑了养殖过程中的多个关键环节，为养殖户提供了全方位的支持。

第三节　荷斯坦母牛育肥对环境的影响

一、对环境的危害

在荷斯坦母牛的育肥过程中，一系列与环境相关的问题逐渐凸显，对生态系统产生了不可忽视的影响。

（一）温室气体排放

荷斯坦母牛在育肥期间，其自身的生理活动会产生甲烷，甲烷作为一种强效温室气体，对全球变暖的贡献不容小觑，大量的甲烷排放会加剧温室效应，进而影响地球的气候稳定。而当粪便管理不善时，还会产生氧化亚氮。氧化亚氮的温室效应强度惊人，大约是二氧化碳的近 300 倍。这意味着即使是少量的氧化亚氮排放，也可能对环境造成极大的破坏。随着荷斯坦母牛育肥规模的不断扩大，如果不能有效控制这些温室气体的排放，将会给全球气候带来更为严峻的挑战。

（二）水体和土壤污染

大规模育肥荷斯坦母牛会产生大量粪便，如果这些粪便没有得到妥善处理，其中富含的氮、磷等养分会随着雨水冲刷、地表径流等途径渗入水体，可能导致水体中的藻类大量繁殖，引发水体富营养化现象。水体富营养化不仅会破坏水生态平衡，使水中生物的生存环境恶化，还可能产生有害毒素，威胁人类和其他生物的健康。此外，饲料生产过程中对合成氮肥的依赖也是一个严重的环境问题。合成氮肥的生产和使用不仅会增加温室气体排放，而且在施肥后，多余的氮肥会通过地表径流进入河流、湖泊等水源，造成水源污染。美国环保局的数据显示，超过50%的大型奶牛场由于粪肥产生量过大，无法有效地消纳其中的养分，进而造成河流和饮用水受到污染。新西兰的情况也十分典型，自1990年以来，随着乳业的发展，为了促进草料生长，其氮肥使用量大幅增长了629%，奶牛排泄物和化肥的大量使用使得河流污染日益加剧，直接对淡水生态系统构成了严重威胁。

（三）降低资源利用效率

荷斯坦母牛的育肥需要消耗大量的饲料、水和土地等宝贵资源。然而，如果在养殖管理过程中缺乏科学规划和有效措施，很容易导致资源的浪费和环境污染。例如，草料和饲料在贮存过程中，如果贮存条件不规范，如湿度过高、通风不良等，就可能会导致发霉变质。发霉变质的草料和饲料不仅会失去原有的营养价值，还可能产生有毒有害物质，如黄曲霉毒素等。这些物质不仅会影响牛的健康，降低育肥效果，还可能随着牛粪排放到环境中，进一步污染土壤和水源。

二、可持续性措施和环保法规

（一）可持续性措施

面对育肥荷斯坦母牛带来的环境问题，行业内积极探索并实施了一系列可持续性生产管理措施，旨在减少养殖活动对环境的负面影响，实现经济发展与环境保护的双赢。

1. 优化饲料与饲养管理

调整饲料结构是减少甲烷排放的关键手段之一。研究发现，适当增加饲料中玉米的比例，并合理使用硝酸盐等饲料添加剂，能够有效抑制甲烷的生成。同时，根据荷斯坦母牛的体重、体况和日增重情况，精准配制日粮，可以满足母牛不同生长阶段的营养需求，提高饲料利用率。此外，将短期和长期育肥技术相结合，不仅可以提高牛肉品质，还能提升经济效益，实现养殖效益与环境友好的平衡。

2. 优化粪便处理与资源循环利用

对牛粪进行集中收集，并采用好氧堆肥处理技术，是实现资源循环利用和减少环境污染的重要举措。经过堆肥处理后，牛粪可以转化为优质的农田肥料，为农作物生长提供丰富的养分，减少化学肥料的使用。同时，通过对粪便进行分离处理，能够降低氨气排放，减轻空气污染，并且为精准施肥提供便利，提高肥料的利用效率（图1-2）。

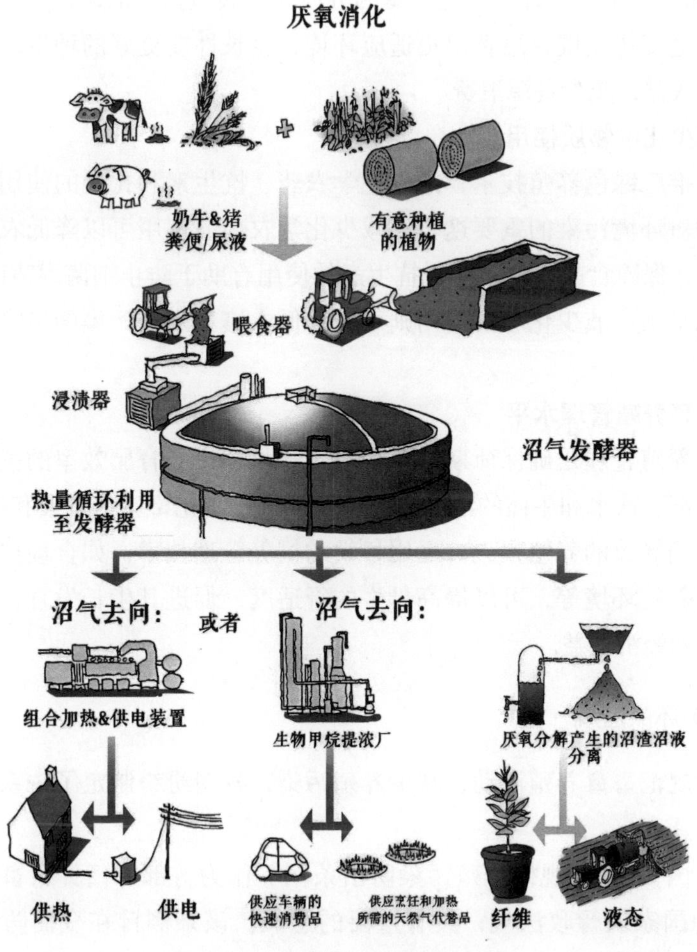

图1-2 粪便处理与循环利用

（资料来源：KQED Science）

3. 循环农业与生态养殖

循环农业模式强调资源的高效利用和废弃物的再利用。在荷斯坦母牛养殖中，将牛粪用于农田施肥，不仅可以减少环境污染，还能提高土壤肥力，促进农作物生长。这种生态养殖方式实现了养殖与种植的有机结合，形成了良性循环的生态系统，提高了农业生产的可持续性。

4. 遗传改良与基因分型

借助遗传学和基因分型技术，可以深入了解荷斯坦母牛的遗传特性，进而提高其育肥效率和肉质。例如，爱尔兰实施的"Suckler Carbon Efficiency Programme（SCEP）"计划，通过基因分型和对表型指标的改进，不断提高育肥母牛的遗传优良度，培育出更适应环境、生长性能更好的种牛，从源头上提升养殖效益，减少资源浪费。

5. 减少化学物质使用

积极推广绿色养殖技术，减少化学农药、抗生素和化肥的使用，是降低养殖活动对环境污染的重要途径。减少化学农药的使用可以降低农产品中的农药残留，保障食品安全；减少抗生素的使用有助于防止细菌耐药性的产生，维护生态平衡；减少化肥的使用则可以降低土壤和水体污染的风险，保护生态环境。

6. 提高养殖管理水平

加强养殖管理是确保荷斯坦母牛健康生长和提高育肥效率的关键。保持草料、料槽、饮水和牛体的清洁卫生，能够有效防止寄生虫感染和疾病传播，减少因疾病导致的养殖损失。运用科学的饲养管理技术，如合理控制饲养密度、优化养殖环境等，可以提高母牛的舒适度，促进其生长发育，进而提高育肥效率和经济效益。

（二）环保法规

为了规范畜禽养殖活动，减少养殖污染，各国纷纷制定了一系列严格的环保法规。

在中国，《畜禽规模养殖污染防治条例》作为首部专门针对畜禽养殖污染防治的国家级行政法规，具有重要的意义。该条例旨在全面防治畜禽养殖污染，大力推进废弃物的综合利用和无害化处理，切实保护环境和公众健康。《中华人民共和国环境保护法》则从宏观层面强调了资源循环利用和环境保护的协调发展，为畜禽养殖行业的可持续发展提供了基本的法律遵循。

《中华人民共和国固体废物污染环境防治法》对畜禽粪便等固体废物的处理提出了明确而严格的要求，确保固体废物得到妥善处置。《畜禽养殖污染防治管理办法》详细规定了养殖场的环境影响评价、污染防治设施建设和污染物排放标准，从源头上控制养殖污染的产生。《畜禽养殖业污染物排放标准》（GB 18596—2001）则具体规定了废水、恶臭气体和废渣的排放标准，为监管部门提供了明确的执法依据。《畜禽养殖业污染防治技术规范》（HJ/T 81—2001）涵盖了养殖场选址、布局、清粪工艺、污水处理等各个技术环节，为养殖户提供了科学的技术指导。《畜禽养殖业污染治理工程技术规范》（HJ 497—2009）则着重指导废弃物的处理和资源化利用，推动养殖行业向绿色发展转型。此外，对于氨气和硫化氢等污染物，《恶臭污染物排放标准》（GB 14554—93）规定了严格的排放限值，氨气排放限值为 1.5 mg/m³，硫化氢排放限值为 0.06 mg/m³，臭气浓度限值为 70（无量纲），养殖场必须严格遵守这些标准。

在国际上，欧盟制定的法规对每公顷土地承载的畜禽头数进行了严格限制，通过这种方式确保畜禽粪便能够被土地自然消纳，从而有效减少环境污染。荷兰对每公顷草场施用的氮肥量也进行了严格控制（170 kg），并且要求将二氧化碳封存在土壤中，以降低温室气体排放。日本制定了《废弃物处理与消除法》和《恶臭防止法》，并推荐使用高压水枪清洗畜舍等措施来处理粪便，加强对养殖污染的治理。美国通过《清洁水法案》、欧盟通过《综合污染预防与控制》等法规，对粪污储存、土地养分施用量和土地使用面积进行了严格规定，防止养殖活动对水资源和土地资源造成污染。新西兰更是实施了"放屁税"，通过经济手段控制甲烷排放，促使养殖户采取措施减少温室气体的产生。

第四节　荷斯坦母牛育肥的经济效益分析

荷斯坦母牛在乳业和肉牛业中都具有独特的价值，它不仅以高产奶量著称，还具备良好的肉用性能。研究数据表明，荷斯坦母牛的平均年产奶量可达 10～10.9 t，为乳业生产提供了丰富的奶源。而当这些母牛因各种原因被淘汰后，其育肥残值较高，为养殖户开辟了额外的经济收益渠道。

荷斯坦母牛淘汰后的育肥周期通常为 1.5～8 个月，在这一过程中，其平均日增重可达 900～1 000 g。在成本方面，平均每头牛的总饲料成本为 1 000～4 000 元，人工、疫苗等附加成本约 500 元。而育肥后的荷斯坦母牛售价范围为 7 700～15 000 元，由此计算，每头牛的净利润可达 700～3 000 元。与淘汰后直接屠宰相比，经过育肥的荷斯坦母牛能够增加 700～2 100 元，这充分显示了育肥的经济价值。

然而，荷斯坦母牛育肥也面临着一些挑战。在市场方面，牛肉价格波动较大，以 2021—2024 年为例，牛肉价格从 25 元/kg 降至 4～12 元/kg，价格的不稳定给养殖户带来了较大的经济风险。在养殖过程中，母牛易患乳房炎、繁殖障碍等疾病，这不仅会影响育肥效果，还需要养殖户投入额外的防控成本。此外，不同地区的牛肉价格存在差异，例如华南地区的肉牛价格普遍高于华北地区，这种区域价格差异也会对养殖户的经济效益产生影响。

为了应对这些挑战，提高育肥的经济效益，养殖户需要密切关注肉类供应淡季和旺季的市场变化，合理安排养殖计划，在肉类供应淡季时，市场需求相对较大，此时出栏可以获得更好的价格。同时，优先选择在牛肉需求旺盛的区域进行养殖布局，能够更好地对接市场，减少运输成本和销售风险。此外，通过优化饲料配比，提高饲料利用率，降低饲料成本；加强疾病管理，提高母牛的健康水平，减少疾病损失，从而提升整体利润率。

第五节　荷斯坦母牛育肥中面临的挑战与未来发展趋势

一、面临的挑战

荷斯坦母牛育肥产业在发展过程中，面临着诸多亟待解决的难题，这些问题从多个层面制约着产业的进一步发展。

（一）经济压力大

近年来，奶牛养殖行业整体经营状况不容乐观，深陷较大的经营困境，其中奶牛养殖亏损面超过 70%。在这样的大环境下，养殖户的资金储备和盈利能力受到严重影响，直接导致在荷斯坦母牛育肥环节中，资金支持常常捉襟见肘。荷斯坦母牛育肥本身成本就较高，除了日常养殖所需的饲料、运输和管理费用外，育肥阶段还需要额外投入更多资源。饲料成本在奶牛养殖成本中占据着最大比重，而荷斯坦母牛育肥对饲料的需求更为特殊。育肥过程中，高能量饲料（如玉米、高粱等）的使用量较大，使得饲料成本居高不下。此外，饲料营养的不均衡也是一个突出问题。如果饲料中各类营养成分的配比不合理，无法满足荷斯坦母牛的生长需求，很容易引发奶牛的健康问题，如代谢紊乱、肝脓肿等疾病，不仅会增加养殖过程中的医疗成本，还会影响奶牛的生长发育和育肥效果，进一步加重养殖户的经济负担。

（二）健康问题突出

荷斯坦母牛在被淘汰时，往往已经存在一些健康隐患。例如繁殖失败，导致其无法继续在奶牛生产中发挥作用；产奶量低下，经济效益不佳；或是受到疾病感染，影响其正常生理机能等。这些初始的健康问题为后续的育肥工作带来了极大的挑战。在育肥过程中，为了追求更快的生长速度和更高的育肥效果，常常使用高能量饲料，由此可能引发一系列代谢性疾病，如肝脓肿和酮病等。这些疾病不仅会损害奶牛的身体健康，还会降低牛肉品质，影响育肥的经济效益。此外，在运输环节，奶牛可能因为环境的突然改变、颠簸等因素产生应激反应，导致奶牛掉膘，严重时甚至会造成死亡，给养殖户带来直接的经济损失。

（三）管理能力与育肥技术落后

目前，国内在荷斯坦母牛育肥技术方面存在明显短板，缺乏专门针对这一品种的系统育肥技术。现有的育肥技术大多较为传统，主要依赖经验，缺乏科学高效且低成本的育肥体系。这导致育肥规模化程度难以提高，无法形成规模效应以降低成本。同时，传统技术下生产出的牛肉肉质较差，在市场上缺乏竞争力，经济效益也不理想。不仅如此，部分养殖户对淘汰奶牛的育肥管理知识掌握不足，缺乏科学的育肥技术和管理经验，在养殖过程中，无法根据奶牛的生长阶段和身体状况合理调整饲养方式和管理方法，难以充分挖掘荷斯坦母牛的育肥潜力，进一步制约了育肥产业的发展。

（四）遗传改良不足

我国在荷斯坦母牛育种技术方面基础较为薄弱，对奶牛的表型和性状研究不够深入，覆盖度不高。这使得在良种选育过程中，难以精准筛选出具有优良性状的个体。同时，良种高效扩繁的产业化程度较低，无法快速、大量地培育出优质的荷斯坦母牛。由于遗传潜力未能得到充分挖掘和利用，荷斯坦母牛在育肥过程中的生长速度、肉质品质等方面都受到限制，严重影响了育肥的效率和质量，降低了产业的经济效益和市场竞争力。

（五）政策支持不足

尽管部分地区出台了一系列支持设施畜牧业发展的政策，但在具体实施过程中，对荷斯坦母牛育肥的针对性支持较少。大部分政策主要聚焦于规模养殖场和普通肉牛育肥，忽略了荷斯坦母牛育肥的特殊性和需求。例如，内蒙古自治区的相关政策明确规定，荷斯坦母牛在淘汰后不享受育肥补贴。这种政策上的差异，使得荷斯坦母牛育肥产业在发展过程中无法获得足够的政策扶持和资金支持，在与其他肉牛育肥产业的竞争中处于劣势，阻碍了产业的健康发展。

二、未来发展趋势

面对当前的挑战，荷斯坦母牛育肥产业也在积极探索未来的发展方向，呈现出一系列具有潜力的发展趋势。

（一）优化饲料配方，推广低成本饲料

推广全混合日粮是提高饲料利用率的重要举措。全混合日粮将粗饲料、精饲料和添加剂按照科学比例混合，使奶牛能够摄入更均衡的营养。同时，推广短期育肥技术，并根据荷斯坦母牛的体重、体况和日增重精确配制日粮，既可以满足其生长需求，又能避免饲料的浪费。提高粗料比例是降低成本和改善奶牛健康的有效途径。增加粗饲料的使用量，相应降低高能量精料的比例，不仅可以减少饲料成本，还能促进奶牛的消化健康，降低代谢性疾病的发生风险。在饲料原料选择上，寻找经济高效的替代品，使用价格相对较低但营养价值高的谷物替代部分高成本的玉米，有助于进一步降低成本。面对日益增长的饲养成本压力，持续开发低碳低蛋白饲料是未来的重要发展方向。这类饲料可以提高饲料转化效率，减少资源浪费，降低养殖过程中的环境污染。此外，科学配制浓缩饲料，根据荷斯坦母牛不同生长阶段的营养需求，合理搭配浓缩饲料的成分，确保其既能获得足够的营养以实现快速增重，又能维持良好的健康水平。

（二）提升育肥效率

在育肥母牛的选择上，优先挑选 8 岁以下、健康且背腰强健的个体，这样的母牛具有更好的生长潜力和肉质基础，能够有效提高育肥后的肉质品质。加强遗传改良工作，通过人工授精技术引入优良种公牛的基因，可以显著提高荷斯坦母牛的遗传潜力。优良的基因能够使母牛在生长速度、肉质品质等方面表现更优。同时，优化饲养管理方法，保证奶牛自由饮水，确保其摄入适量的水分，维持正常的生理代谢；加强驱虫和疫苗接种工作，预防各类疾病的发生，提高奶牛的健康水平，进而加快其增重速度。实现规模化养殖和科学管理是降低育肥成本、提高育肥效率的关键。规模化养殖可以通过集中采购、标准化生产等方式降低成本，科学管理则可以提高养殖过程的精细化程度，充分发挥每头母牛的生产潜力，提升整体育肥效益。

（三）加强科研和技术支持

深入开展对荷斯坦母牛营养需求和育肥机制的研究，能够为育肥技术的优化提供坚实的科学依据。通过精确了解母牛在不同生长阶段的营养需求，研发更适合的饲料配方和育肥方案。积极推广新技术，如人工授精技术和胚胎移植技术，可以有效提高荷斯坦母牛的繁殖效率和遗传改良水平。人工授精技术能够广泛传播优良种公牛的基因，胚胎移植技术则可以快速扩繁优质奶牛群体。利用荷斯坦母牛与肉牛品种的杂交优势，培育出更具市场竞争力的后代，提高育肥效果和市场经济效益。借助基因测序和分子标记辅助选择等先进的遗传改良技术，能够更精准地筛选和培育出适应市场需求、肉质更优的奶牛品种。这些技术可以深入了解奶牛的基因信息，挖掘与优良性状相关的基因标记，为奶牛育种提供更科学的指导。

（四）市场导向与政策支持

除了传统的牛肉产品，开发更多高附加值的牛肉制品是满足市场多样化需求、提高产业经济效益的重要途径。例如，生产分割牛肉，根据不同部位的肉质特点进行精细分割，满足消费者对不同部位牛肉的需求；开发熟食产品，如牛肉干、酱牛肉等，拓展牛肉的消费场景，增加产品附加值。积极探索多元化消费模式和消费场景，如开展牛肉主题的餐饮体验活动、发展线上销售平台等，进一步挖掘牛肉消费潜力，扩大市场需求。政府在产业发展中起着关键的引导作用，通过政策引导和资金支持，鼓励科研机构和企业加大对淘汰奶牛育肥技术的研发投入，推动技术创新和应用。加强上下游产业链的协同合作，形成从养殖到加工再到销售的完整闭环。养殖环节为加工提供优质的原料，加工环节提升产品附加值，销售环节则将产品推向市场，实现价值转化。产业链各环节相互协作、相互促进，能够提升整体经济效益，增强产业的市场竞争力和抗风险能力。

第二章
育肥荷斯坦母牛生产性能的评定与选择

第一节 育肥荷斯坦母牛生产性能的主要评定指标

在育肥荷斯坦母牛的养殖实践与研究领域，准确评定其生产性能对于优化养殖策略、提高养殖效益以及保障牛肉品质至关重要。一系列科学且全面的评定指标构成了评估育肥牛生产性能的关键依据，它们从不同维度反映了育肥牛在生长、饲料利用、肉质和经济效益等方面的表现。

一、育肥期日增重

育肥期日增重是衡量育肥牛在育肥阶段生长速度的核心指标之一。其计算方式为育肥终重与育肥始重的差值除以育肥天数，看似简单的公式，却蕴含着丰富的生物学意义。这一指标不仅直观地展现了牛只在育肥期间体重增长的快慢，更反映了其增重能力和脂肪沉积能力。研究表明，日增重较高的育肥牛，往往在肌肉生长和脂肪适度沉积方面表现出色，这对于提高牛肉的产量和品质具有重要意义。例如，在一项针对不同饲养模式下荷斯坦母牛育肥的研究中发现，采用科学饲养管理、营养均衡的模式，育肥牛的日增重可提高 10%～15%，同时肉质的大理石花纹分布更均匀，口感更佳。

二、饲料转化率

饲料转化率是评估育肥牛将饲料转化为体重效率的关键指标，通常以饲料消耗量与体重增加量的比值来表示。该比值越低，意味着育肥牛能够以更少的饲料投入获取更多的体重增长，即饲料利用效率越高。在实际养殖中，饲料成本占据了养殖成本的较大比例，提高饲料转化率对于降低养殖成本、提高经济效益具有显著作用。相关研究指出，通过优化饲料配方、合理调整饲养方式，可使荷斯坦母牛的饲料转化率提高10%～20%。例如，在饲料中添加特定的益生菌制剂，能够改善育肥牛的肠道菌群平衡，增强对饲料营养物质的吸收利用，从而有效提高饲料转化率。

三、育肥初始重和育肥终末重

育肥初始重和育肥终末重分别记录了育肥牛在育肥开始和结束时的体重。这两个指标不仅是计算日增重的基础数据，更是全面评估育肥效果的重要依据。育肥初始重反映了牛只进入育肥阶段时的基础状况，而育肥终末重则直接体现了育肥过程的最终成果。对比育肥初始重和育肥终末重，养殖者可以清晰地了解育肥期间牛只的体重变化情况，进而判断育肥方案的有效性。同时，这两个指标还与牛肉的产量密切相关，育肥终末重较大的牛只，通常能够提供更多的牛肉产量。

四、屠宰性能

屠宰性能涵盖了屠宰率、胴体产肉率和净肉率等多个重要指标。屠宰率是指胴体重占宰前体重的百分比，它反映了牛只在屠宰后可获得的胴体重量比例。胴体产肉率和净肉率则分别表示胴体中可食用部分的比例，其中胴体产肉率体现了胴体中肌肉组织的含量，净肉率则进一步扣除了骨、脂肪等不可食用部分，更精确地反映了可食用肉的比例。这些指标直接关系到牛肉的产出量和经济效益，是衡量育肥牛生产性能的重要方面。研究表明，通过科学的饲养管理和品种改良，可有效提高育肥牛的屠宰性能指标。例如，选择优良的荷斯坦母牛个体，并给予合理的营养供给和育肥管理，可使屠宰率提高5%～8%，胴体产肉率和净肉率也相应提升。

五、肉品质

肉品质是一个综合考量的指标体系，包括眼肌面积、背膘厚、瘦肉率、剪切力等多个关键指标。眼肌面积反映了牛只肌肉的发达程度，较大的眼肌面积通常意味着更高的瘦肉产量；背膘厚则与脂肪含量相关，适度的背膘厚有助于改善肉质的口感和风味，但过厚的背膘会增加脂肪含量，影响牛肉的品质；瘦肉率直接体现了牛肉中瘦肉的比例，是消费者关注的重要品质指标之一；剪切力是衡量牛肉嫩度的重要指标，剪切力值越低，表明牛肉越嫩，口感越好。这些指标综合反映了肉牛屠宰后的肉质特性，如嫩度、多汁性和风味等，对于满足消费者对高品质牛肉的需求具有重要意义。例如，研究发现，通过控制育肥牛的饲养周期和营养水平，可以有效调节眼肌面积、背膘厚等指标，进而改善牛肉的品质。在育肥后期适当降低能量饲料的比例，可减少背膘厚的增加，同时提高瘦肉率和牛肉的嫩度。

六、经济效益

经济效益是评估育肥牛养殖效益的直接指标，通过计算单位增重成本、盈利额等具体指标来进行综合评估。单位增重成本反映了每增加 1 kg 体重所需要投入的成本，包括饲料、人工、兽药等各项费用，该指标越低，说明养殖成本控制得越好；盈利额则是扣除所有成本后的实际收益，是衡量养殖效益的最终指标。在实际养殖中，养殖者需要综合考虑各项成本和收益因素，优化养殖管理策略，以提高育肥牛的经济效益。例如，通过合理规划饲料采购、优化饲养流程、提高育肥效率等措施，可以有效降低单位增重成本，增加盈利额。有研究显示，采用精准营养调控技术，根据育肥牛的生长阶段和营养需求提供精确的饲料配方，可使单位增重成本降低 10%～15%，显著提高养殖经济效益。

七、体况评分

体况评分是一种用于评估牛只能量储备和营养状态的有效指标，荷斯坦母牛通常采用 1～5 分的评分系统。分数从低到高分别对应由消瘦到肥胖的不同状态，其中 4～4.5 分为理想状态，此时牛只有适度的脂肪覆盖，表明牛只处于良好的营养平衡状态。体况评分能够直观地反映牛只的营养状况，帮助养殖者及时调整饲养管理策略。例如，当体况评分低于 3 分，表明牛只可能存在营养不良的情况，养殖者需要增加饲料的投喂量或调整饲料配方，以满足牛只的营养需求；而当体况评分高于 4.5 分，则可能需要适当控制饲料摄入量，避免牛只过度肥胖，影响育肥效果和肉质品质。相关研究表明，保持育肥牛适宜的体况评分，可提高其免疫力和育肥效果，降低养殖风险（图 2-1）。

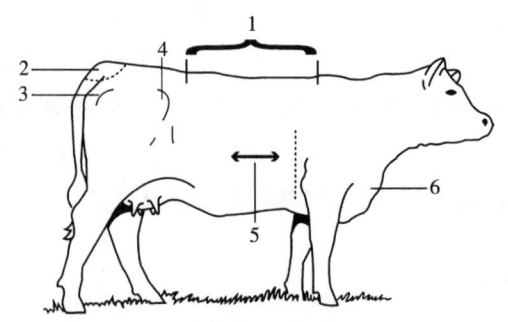

1—背部，2—尾根，3—臀端，4—腰角，5—肋骨区，6—胸部。
图 2-1 体况评分关键部位

八、饲料消耗量

饲料消耗量包括全混合日粮干物质采食量和饲料转化率等具体指标，用于全面评估饲料的利用效率。全混合日粮干物质采食量反映了育肥牛对饲料的实际摄入量，了解这一指标有助于养殖者合理安排饲料供应，避免饲料浪费或供应不足的情况发生。结合饲料转化率指标，养殖者可以更准确地评估饲料的利用效率，分析饲料投入与体重增长之间的关系。例如，当全混合日粮干物质采食量较高，但饲料转化率较低时，可能意味着饲料配方不合理或饲养管理存在问题，需要及时进行调整优化。通过对饲料消耗量的监测和分析，养殖者可以不断改进饲养管理方法，提高饲料利用效率，降低养殖成本。

第二节 育肥荷斯坦母牛胴体品质评定标准

育肥荷斯坦母牛胴体品质评定是确保牛肉质量、满足市场需求以及规范产业发展的重要环节。一套科学、全面的评定标准对于客观评价胴体品质、指导养殖生产和保障消费者权益具有关键作用。该评定标准涵盖了多个方面，从重量、结构到肥度、瘦肉量等，同时兼顾安全和质量指标，形成了一个综合性的评价体系。

一、重量

育肥荷斯坦母牛的净肉率是衡量胴体重量品质的关键指标，分为特等、一等、二等、三等和四等五个等级。净肉率越高，表明胴体中可食用的净肉含量越多，经济价值也就越高。研究表明，通过优化育肥管理和饲料配方，可有效提高育肥荷斯坦母牛的净肉率。例如，在育肥后期增加蛋白质饲料的供应，同时配合适当的运动管理，可促进肌肉生长，减少脂肪沉积，从而提高净肉率。不同等级的净肉率不仅反映了牛肉产量的差异，也在一定程度上反映了肉质的优劣，高等级的净肉率往往伴随着更好的肉质品质。

二、结构

胴体结构的评定主要根据胴体形状、外部轮廓、厚度与长度等特征进行评定。上等质量的胴体要求肌肉厚度良好，体态紧凑，背、腰、臀部宽阔且肌肉厚实，肩、尻部丰满，腰、臀、胸呈桶状，背部有轻度脂肪覆盖，腹部、阴囊或乳房较为丰满。这样的胴体结构不仅体现了牛只在生长过程中的营养状况和发育程度，也与牛肉的口感和品质密切相关。肌肉发达、结构匀称的胴体，其肉质更加鲜嫩多汁，口感更佳。在养殖过程中，合理的饲养管理和运动锻炼有助于塑造良好的胴体结构。例如，提供充足的蛋白质和矿物质营养，保证育肥牛有足够的营养支持肌肉生长；同时，适当的运动可以促进肌肉发育，使胴体结构更加合理。

三、肥度

肥度评定主要通过观察腰眼肌横切面的大理石纹状程度来进行。大理石纹是指肌肉内脂肪的分布情况，其丰富程度反映了胴体脂肪组织的数量。育肥程度分类从非常少到非常丰富分为五个等级，适度的大理石纹分布可以改善牛肉风味和嫩度，提高牛肉品质。研究表明，大理石纹评分与牛肉的多汁性、风味和嫩度呈正相关。在育肥过程中，通过控制饲料中的能量水平和饲养周期，可以调节大理石纹的形成。例如，在育肥后期适当增加能量饲料的比例，可促进脂肪在肌肉内的沉积，形成更丰富的大理石纹。但过度的脂肪沉积会导致牛肉脂肪含量过高，影响消费者的健康，因此需要精准控制肥度。

四、瘦肉量

瘦肉量是评估胴体品质的重要指标之一，通常通过测量腰眼肌面积来判断。腰眼肌面积越大，表明瘦肉量越高，肉质也相对更好。瘦肉量较高的胴体不仅符合消费者对健康、低脂肪肉类的需求，也具有更高的经济价值。在养殖过程中，选择优良的品种、合理的饲料配方和科学的饲养管理都有助于提高育肥荷斯坦母牛的瘦肉量。例如，选择瘦肉率较高的荷斯坦母牛品种进行育肥，同时在饲料中添加适量的氨基酸和矿物质，促进肌肉生长，可有效提高腰眼肌面积和瘦肉量。

五、嫩度

嫩度是影响牛肉口感的关键因素之一，主要受牛的年龄和品种影响。一般来说，年龄较小的牛，其肉质更为鲜嫩；不同品种的牛，其嫩度也存在差异。近年来，国外开始广泛使用嫩度仪进行嫩度测定，这种科学的测定方法能够更准确地量化牛肉的嫩度。嫩度仪通过测量牛肉在一定条件下的剪切力值来评估嫩度，剪切力值越低，牛肉越嫩。在养殖过程中，通过控制育肥周期和饲养方式，可以改善牛肉的嫩度。例如，适当缩短育肥周期，避免牛只过度生长，可保持牛肉的嫩度；同时，采用精细化饲养管理，减少牛只应激反应，也有助于提高牛肉的嫩度。

六、安全指标

安全指标是保障消费者健康的重要防线，包括对激素、抗生素、疯牛病病毒、大肠杆菌等有害物质的检测，以及对牛肉新鲜度、原产国和动物性饲料使用情况的严格把控。随着消费者对食品安全的关注度不断提高，这些安全指标成为胴体品质评定的重要内容。严格的检测和监管措施可以确保牛肉产品不含有害物质，保障消费者的食用安全。例如，通过建立完善的兽药使用管理制度，严格控制抗生素的使用剂量和停药期，可有效降低牛肉中的抗生素残留；加强对饲料来源的监管，避免使用可能携带疯牛病病毒的动物性饲料，从源头上保障牛肉的安全。同时，对牛肉新鲜度的监测也有助于确保消费者能够购买到品质优良的牛肉产品（表2-1）。

表2-1 鲜、冻分割牛肉的感官指标

项目	鲜牛肉	冻牛肉（解冻后）
色泽	肌肉有光泽，色鲜红或深红；脂肪呈乳白色或淡黄色	肌肉色鲜红或深红，有光泽；脂肪呈乳白色或微黄色
组织状态	指压后的凹陷可恢复	肌肉结构紧密，有坚实感，肌纤维韧性强
气味	具有鲜牛肉正常的气味	具有产品的气味，无异味
杂质	无正常视力可见外来异物	

资料来源：GB/T 17238—2022。

七、质量指标

质量指标侧重于提高牛肉中 ω-3 脂肪酸或共轭亚油酸的含量，以及合理控制脂肪摄入量。ω-3 脂肪酸和共轭亚油酸具有多种健康益处，如降低心血管疾病风险、提高免疫力等，因此，提高牛肉中这些营养成分的含量可以提升牛肉的营养价值。同时，合理控制脂肪摄入量对于满足消费者对健康饮食的需求至关重要。在养殖过程中，通过调整饲料配方，添加富含 ω-3 脂肪酸的原料，如亚麻籽等，可有效提高牛肉中的 ω-3 脂肪酸含量；控制饲料中的脂肪含量和类型，可调节牛肉的脂肪组成，降低饱和脂肪酸含量，提高不饱和脂肪酸比例，使牛肉更加健康营养。

八、外观评定

外观评定主要根据活体外观进行评定，涵盖肌肉厚度、体型、背部、腰部、臀部、肩部和尻部的丰满程度等方面。良好的活体外观通常预示着较好的胴体品质。肌肉发达、体型匀称、各部位丰满的育肥牛，在屠宰后往往具有更好的胴体结构和肉质品质。例如，肌肉厚度较大的牛只，其胴体的瘦肉量相对较高；体形匀称、各部位比例协调的牛只，其胴体的外观和品质也更受市场欢迎。在养殖过程中，通过科学的饲养管理和选育，可以改善育肥牛的活体外观。选择体形良好、肌肉发育潜力大的牛只进行育肥，同时提供充足的营养和适宜的生长环境，促进肌肉生长和身体发育，可提高育肥牛的外观品质。

第三章
荷斯坦母牛育肥的日粮配制与饲料加工调制

第一节 荷斯坦母牛育肥及营养需求

荷斯坦母牛作为全球广泛饲养的奶牛品种，以其高产量和优良的乳品质而闻名。然而，除了产奶性能外，荷斯坦母牛的育肥也是畜牧业中不可忽视的重要环节。育肥不仅能够提高母牛的肉质和经济效益，还能有效利用农业资源，促进畜牧业的可持续发展。因此，深入研究荷斯坦母牛育肥的日粮配制与饲料加工调制技术，对于提高养殖效益和保障食品安全具有重要意义。

一、荷斯坦母牛的品种特性及其育肥的重要性

荷斯坦母牛原产于荷兰，是全球最著名的奶牛品种之一。其显著特点包括黑白相间的毛色、高大的体型以及卓越的产奶性能。中国荷斯坦母牛的年产奶量通常为 10～10.9 t，乳脂率和乳蛋白率也相对较高，这使得它们在奶牛养殖业中占据了主导地位。然而，荷斯坦母牛不仅在产奶方面表现出色，其育肥潜力同样不容忽视。

育肥是指通过科学的饲养管理，使牛只在一定时间内达到理想的体重和体况，以提高肉质和经济效益。对于荷斯坦母牛而言，育肥不仅可以提高其肉质，还能有效利用其生长潜力，增加养殖收益。育肥过程中，合理的日粮配制和饲料加工调制是关键环节，直接影响牛只的生长速度、健康状况和最终产品的质量。

荷斯坦母牛的育肥重要性主要体现在以下几个方面：首先，育肥可以提高母牛的肉质，使其更适合市场需求，增加经济价值。其次，育肥过程中通过科学的饲养管理，可以有效提高饲料转化率，降低养殖成本。最后，育肥可以提高其综合利用率，促进畜牧业的可持续发展。

二、荷斯坦母牛育肥阶段的划分及其营养需求

荷斯坦母牛的育肥过程中，应根据牛只的生长特点和营养需求，科学配制日粮。

淘汰后进行育肥的牛只体重在 600 kg 左右。这一阶段的重点是促进肌肉的生长和脂肪的初步积累。日粮中的粗蛋白含量达到 12%～14%，可消化营养总量（TDN）达 71%～72%，配合饲料的饲喂量是体重的 1.72%～1.8%。此时，饲料中的谷物比例应增加，以提供更多的能量。同时，需要注意粗纤维的摄入，以维持牛只的消化健康。在育肥开始时，日粮中 NDF 含量可控制在 28%～32%；在育肥后期，NDF 含量可适当降低至 25%～28%。

育肥后期牛只进入快速增重和脂肪沉积阶段。这一阶段的日粮应以高能量为主，粗蛋白含量可以降低至 10%～12%，能量水平则应保持在 7.1 MJ/kg。此时，饲料中的谷物比例应提高，同时需要注意控制粗纤维的摄入，避免影响能量吸收，以维持牛只的快速生长和健康。

第二节 日粮配制与饲料加工调制

一、日粮配制原则

日粮配制是荷斯坦母牛育肥过程中的关键环节，直接影响到牛只的生长速度、健康状况和最终产品的质量。因此，科学合理的日粮配制必须遵循以下几个基本原则：

营养均衡是日粮配制的首要原则。荷斯坦母牛在不同育肥阶段的营养需求各不相同，因此日粮中的各种营养成分必须根据牛只的生长特点和营养需求进行合理搭配。例如，育肥前期需要高蛋白、高能量的日粮以促进骨骼和肌肉的发育，而育肥后期则需要高能量、低蛋白的日粮以促进脂肪的沉积。此外，矿物质和维生素的补充也不可忽视，特别是钙、磷和维生素 A、维生素 D、维生素 E 的摄入，以支持骨骼发育和免疫系统的健康。

适口性是日粮配制的重要考虑因素。适口性好的饲料能够提高牛只的采食量，从而促进其生长发育。因此在配制日粮时，应选择牛只喜食的饲料原料，并注意饲料的物理形态和口感。例如，青贮饲料和优质干草是提高日粮

适口性的良好选择,同时也可以通过添加适量的添加剂来改善饲料的口感。

经济性是日粮配制中不可忽视的因素。在保证营养均衡和适口性的前提下,应尽量选择价格合理、来源稳定的饲料原料,以降低养殖成本。例如,可以利用当地的农作物副产品,如玉米秸秆、饼粕类饲料等,作为日粮的主要成分,既能满足牛只的营养需求,又能有效降低饲料成本。

安全性是日粮配制的基本要求。饲料中的各种成分必须符合国家相关标准和规定,避免使用发霉、变质或含有有害物质的饲料原料。此外,还需要注意饲料中的抗营养因子,如单宁、植酸等,这些物质会影响牛只对营养物质的吸收和利用,因此需要通过适当的加工处理来降低其含量。

实际操作中,日粮配制还需要考虑牛只的个体差异和饲养环境。例如,不同牛只的采食习惯和消化能力有所不同,因此需要根据实际情况进行适当的调整。同时,饲养环境的变化如温度、湿度等,也会影响牛只的采食量和营养需求,因此在配制日粮时需要综合考虑这些因素。

二、常用饲料原料及其营养价值

在荷斯坦母牛育肥的日粮配制中,常用的饲料原料主要包括粗饲料、精饲料和添加剂。这些饲料原料各有其独特的营养价值,合理搭配使用可以满足牛只在不同育肥阶段的营养需求。

粗饲料是荷斯坦母牛日粮中不可或缺的重要组成部分,主要包括青贮饲料、干草和秸秆等。青贮饲料是通过厌氧发酵保存的绿色植物,具有较高的水分和适口性,能够提供丰富的能量和粗纤维。常见的青贮饲料有玉米青贮、苜蓿青贮等。干草则是通过自然晾晒或人工干燥保存的牧草,如苜蓿干草、燕麦干草等,其粗蛋白质含量较高。秸秆类饲料,如玉米秸秆、小麦秸秆等,虽然营养价值较低,但作为粗纤维的来源,能够促进牛只的消化道健康。

精饲料主要包括谷物、豆粕和麦麸等,是提供高能量和高蛋白的主要来源。谷物类饲料如玉米、大麦、高粱等,含有丰富的淀粉和能量,是育肥中后期促进脂肪沉积的重要成分。豆粕是大豆榨油后的副产品,粗蛋白含量高达40%以上,是育肥前期促进肌肉生长的优质蛋白来源。麦麸是小麦加工后的副产品,含有较高的粗纤维和磷,能够促进牛只的消化和骨骼发育。

添加剂在日粮配制中起到补充营养、改善饲料品质和促进牛只健康的作用。常见的添加剂包括矿物质添加剂、维生素添加剂和酶制剂等。矿物质添加剂，如钙、磷、镁等，能够补充日粮中矿物质的不足，支持牛只的骨骼发育和代谢功能。维生素添加剂，如维生素A、维生素D、维生素E等，能够增强牛只的免疫力和繁殖性能。酶制剂则能够提高饲料的消化利用率，促进牛只对营养物质的吸收。

在实际应用中，应根据荷斯坦母牛不同育肥阶段的营养需求，合理选择和搭配这些饲料原料。例如，在育肥前期，可以增加豆粕和优质干草的比例，以提供高蛋白和高纤维；在育肥后期，则可以增加谷物类饲料的比例，以提供高能量。同时，通过添加适量的矿物质和维生素添加剂，确保牛只的营养均衡和健康。

三、日粮配方设计的方法与步骤

日粮配方设计是荷斯坦母牛育肥过程中的核心环节，其科学性和合理性直接影响到牛只的生长性能和养殖效益。以下是日粮配方设计的具体方法与步骤。

确定营养山需求是日粮配方设计的基础。根据荷斯坦母牛不同育肥阶段的生长特点和营养需求，确定每日所需的能量、蛋白质、矿物质和维生素等营养成分含量。例如育肥前期需要高蛋白、高能量的日粮以促进骨骼和肌肉的发育，而育肥后期则需要高能量、低蛋白的日粮以促进脂肪的沉积。营养需求的确定可以参考相关的饲养标准和研究数据，确保配方的科学性和实用性。

选择饲料原料是日粮配方设计的关键步骤。根据荷斯坦母牛的营养需求和当地饲料资源的实际情况，选择合适的饲料原料。常用的饲料原料包括粗饲料（如青贮饲料、干草和秸秆）、精饲料（如谷物、豆粕和麦麸）以及添加剂（如矿物质、维生素和酶制剂）。在选择饲料原料时，需要考虑其营养价值、适口性、经济性和安全性，确保配方的全面性和可行性。

计算配方比例是日粮配方设计的核心环节。根据确定的营养需求和选择的饲料原料，通过计算确定各种原料在日粮中的比例。常用的计算方法包括试差法、代数法和线性规划法。试差法是通过反复试验和调整，逐步接近目标营养需求；代数法是通过建立方程组，求解各原料的比例；线性规划法则是通过优化算法，寻找最优的原料组合。无论采用哪种方法，都需要确保配方的营养均衡和成本最优。

调整和优化配方是日粮配方设计的最后步骤。在实际应用中，配方可能需要根据牛只的个体差异、饲养环境的变化以及饲料原料的供应情况进行调整和优化。例如，如果发现牛只的采食量不足，可以适当提高日粮的适口性；如果发现牛只的生长速度不理想，可以适当增加能量或蛋白质的比例。通过不断地调整和优化，确保配方的实用性和有效性。

四、饲料加工调制技术

饲料加工调制技术是荷斯坦母牛育肥过程中不可或缺的重要环节，通过科学的加工调制，可以提高饲料的营养价值、适口性和消化利用率，从而促进牛只的生长和健康。以下是几种常用的饲料加工调制方法及其应用：

青贮是一种通过厌氧发酵保存绿色植物的方法，能够有效保留饲料的营养成分和适口性。青贮饲料的制作过程包括收割、切碎、装填、压实和密封。常用的青贮饲料有玉米青贮、苜蓿青贮等。青贮饲料不仅可以提供丰富的能量和粗纤维，还能改善饲料的适口性，提高牛只的采食量。

氨化是通过添加氨源（如尿素）处理秸秆类饲料的方法，能够提高饲料的粗蛋白含量和消化率。氨化处理的过程包括秸秆的切碎、氨源的添加、密封和发酵。氨化后的秸秆饲料不仅营养价值显著提高，还能改善饲料的适口性，促进牛只的消化健康。

颗粒化是将粉状饲料通过机械压制形成颗粒状的方法，能够提高饲料的密度和均匀性，减少饲料浪费和粉尘。颗粒化饲料的制作过程包括原料的混合、压制和冷却。颗粒化饲料不仅便于储存和运输，还能提高牛只的采食效率和消化利用率。

膨化是通过高温高压处理饲料，破坏其中的抗营养因子，提高饲料的营养价值和消化率。膨化饲料的制作过程包括原料的混合、膨化和冷却。膨化饲料不仅可以提高饲料的能量密度，还能改善饲料的适口性，促进牛只的生长。

在实际应用中，应根据荷斯坦母牛不同育肥阶段的营养需求和饲料原料的特性，选择合适的加工调制方法。例如，在育肥前期，可以采用青贮和氨化处理，以提高饲料的粗蛋白和粗纤维含量；在育肥后期，可以采用颗粒化和膨化处理，以提高饲料的能量密度和消化利用率。通过科学的饲料加工调制技术，确保荷斯坦母牛育肥过程中的营养均衡和健康生长。

五、饲料加工设备的选择与使用

饲料加工设备的选择与使用是荷斯坦母牛育肥过程中至关重要的一环，直接影响饲料加工的效率和质量。常用的饲料加工设备包括粉碎机、混合机、制粒机和膨化机等。

粉碎机是将粗饲料和精饲料粉碎成适宜粒度的设备，能够提高饲料的消化利用率和适口性。选择粉碎机时，应考虑其生产能力、粉碎细度和能耗等因素。例如，锤片式粉碎机适用于粉碎各种饲料原料，而辊式粉碎机则适用于粉碎谷物类饲料。使用粉碎机时，应注意调整粉碎粒度，避免过细或过粗，影响牛只的采食和消化。

混合机是将各种饲料原料均匀混合的设备，能够确保日粮的营养均衡和一致性。选择混合机时，应考虑其混合均匀度、生产能力和操作便捷性。例如，卧式混合机适用于大规模生产，而立式混合机则适用于小规模生产。使用混合机时，应注意按照配方比例准确称量各种原料，并控制混合时间，确保混合均匀。

制粒机是将粉状饲料压制成颗粒状的设备，能够提高饲料的密度和均匀性，减少饲料的浪费和粉尘。选择制粒机时，应考虑其生产能力、颗粒硬度和能耗等因素。例如，环模制粒机适用于生产高质量的颗粒饲料，而平模制粒机则适用于小规模生产。使用制粒机时，应注意调整模具孔径和压力，控制颗粒大小和硬度，确保饲料的适口性和消化利用率。

膨化机是通过高温高压处理饲料的设备，能够破坏饲料中的抗营养因子，提高饲料的营养价值和消化率。选择膨化机时，应考虑其生产能力、膨化效果和能耗等因素。例如，单螺杆膨化机适用于处理各种饲料原料，而双螺杆膨化机则适用于处理高脂肪和高蛋白饲料。使用膨化机时，应注意控制温度和压力，避免过度膨化，影响饲料的营养成分。

在实际应用中，应根据荷斯坦母牛不同育肥阶段的营养需求和饲料原料的特性，选择合适的饲料加工设备，并严格按照操作规程使用，确保饲料加工的效率和质量。通过科学的饲料加工设备选择与使用，提高荷斯坦母牛育肥过程中的营养均衡和健康生长。

六、饲料质量控制与安全管理

饲料质量控制与安全管理是荷斯坦母牛育肥过程中至关重要的一环，直接影响到牛只的健康和最终产品的质量。饲料质量控制主要包括原料质量检测、加工过程控制和成品质量检验三个方面。

原料质量检测是饲料质量控制的第一步。在采购饲料原料时，应对其进行全面的质量检测，包括营养成分、水分含量、杂质含量以及是否存在霉变、污染等情况。常用的检测方法包括化学分析、显微镜检查和快速检测试剂盒等。例如，通过化学分析可以准确测定原料中的粗蛋白、粗纤维和矿物质含量；通过显微镜检查可以发现原料中的杂质和有害物质；通过快速检测试剂盒可以快速判断原料是否含有霉菌毒素等有害物质。

加工过程控制是饲料质量控制的关键环节。在饲料加工过程中，应严格控制各个环节的操作参数，确保饲料的营养成分和物理性状符合设计要求。例如，在粉碎过程中，应控制粉碎粒度，避免过细或过粗；在混合过程中，应确保各种原料均匀混合，避免营养成分分布不均；在制粒和膨化过程中，应控制温度和压力，避免过度加工导致营养成分损失。此外，还应定期对加工设备进行维护和校准，确保设备的正常运行和加工精度。

成品质量检验是饲料质量控制的最后一步。在饲料成品出厂前，应对其进行全面的质量检验，包括营养成分、物理性状、卫生指标等。常用的检验方法包括化学分析、物理检测和微生物检测等。例如，通过化学分析可以测定成品中的粗蛋白、粗纤维和矿物质含量；通过物理检测可以判断成品的粒度、硬度和色泽；通过微生物检测可以判断成品是否含有有害微生物。只有通过严格的质量检验，确保饲料成品符合相关标准和规定，才能出厂销售。

饲料安全管理是饲料质量控制的重要组成部分，主要包括饲料卫生安全和饲料添加剂安全两个方面。饲料卫生安全是指饲料中不应含有有害物质，如霉菌毒素、重金属、农药残留等。这些有害物质不仅会影响牛只的健康，还会通过食物链危害人类健康。因此，在饲料生产和储存过程中，应采取严格的卫生措施，防止饲料受到污染。例如在饲料生产车间，应保持清洁卫生，定期消毒；在饲料储存过程中，应控制温度和湿度，防止饲料霉变。

饲料添加剂安全是指饲料中添加的各种添加剂应符合国家相关标准和规定，避免使用违禁添加剂和过量使用合法添加剂。饲料添加剂的使用应遵循科学、合理、安全的原则，确保其不会对牛只的健康和最终产品的质量产生不良影响。例如，在使用矿物质添加剂时，应严格控制添加量，避免过量导致牛只中毒；在使用抗生素时，应遵守休药期的规定，避免药物残留。

荷斯坦母牛育肥的日粮配制与饲料加工调制是提高养殖效益和保障食品

安全的关键环节。通过科学合理的日粮配制，可以满足牛只在不同育肥阶段的营养需求，促进其健康生长和高效增重。饲料加工调制技术的应用，能够提高饲料的营养价值、适口性和消化利用率，进一步优化养殖效果。饲料质量控制与安全管理则是确保饲料安全和最终产品质量的重要保障。未来随着科技的进步和养殖业的发展，荷斯坦母牛育肥的日粮配制与饲料加工调制技术将不断优化和创新，为畜牧业的可持续发展提供更强有力的支持。

第四章
荷斯坦母牛育肥技术

随着我国肉牛养殖技术的提高和生产管理的改善，2024年全国肉牛出栏量达到5 099万头，增长1.5%。同时，全国牛肉产量达到779万t，较上年增长3.5%。同年中国牛肉消费量超过1 070万t，同比增加43万t，增长率为4.1%。然而，中国牛肉人均消费量仍然较低，仅为7.0 kg/人，远低于美国人均25.3 kg的牛肉消费量，也不及韩国和日本等饮食习惯相似的亚洲国家。这一差距反映了中国牛肉市场在未来仍有巨大的增长潜力。

荷斯坦奶牛作为全球广泛饲养的高产奶牛品种，因其淘汰母牛数量大、市场供应稳定，逐渐成为肉牛产业的重要组成部分。通过科学合理的育肥技术，能够显著提高淘汰母牛的肉质和经济价值，促进奶牛与肉牛产业的有机结合。荷斯坦淘汰母牛的育肥目的在于提高淘汰母牛的肉用价值，优化资源利用，并为市场提供稳定的牛肉供应。然而，荷斯坦淘汰母牛的育肥技术与传统肉牛的育肥技术存在较大差异，需要针对荷斯坦淘汰母牛的生理特点、营养需求和育肥目标，优化育肥策略。

第一节 育肥技术原理

荷斯坦母牛育肥实际上就是对淘汰的荷斯坦母牛进行育肥。绝大多数淘汰奶牛均为成年奶牛，和肉牛育肥不同的是，其骨架已经长成，没有架子期，通常来说直接进入过渡期和育肥期。淘汰奶牛饲养应该掌握其生长规律和育肥原理，采取有效的饲养管理措施来提高奶牛的产肉量和肉品质。

一、荷斯坦母牛育肥特点

荷斯坦母牛育肥一定程度上和肉牛后期育肥一样，被淘汰的荷斯坦奶牛年龄基本上都是几年以上，这样的牛骨架早已成型，肌肉也基本发育停止，更多的是脂肪的沉积。根据生长发育规律的特点，制订科学的饲草饲料供应计划，与肉牛后期强度育肥一样，保持淘汰母牛大量的能量摄入，进行高强度饲喂，控制淘汰母牛的育肥时间。

二、荷斯坦母牛的选择

由于奶牛遭淘汰的原因很多，情况较为复杂，因此不是所有的淘汰奶牛都适合育肥，应按照标准进行选择。

（一）年龄

经产牛（不超过6产）应在8岁以下，年龄过大不适合育肥。

（二）体型外观

要求体型大、食欲强、背腰平直、四肢强健，能耐受增加的体重负担。瘦弱、体型小、弓腰、塌背或神经质的牛不适合育肥。

（三）健康

一定要来自非疫区，无任何传染病，引进时要有当地兽医部门的检疫证明。重度乳房炎、重度肢蹄病、采食困难、患有难以治愈的胃肠道疾病或全身性疾病的牛不适合育肥。

第二节　荷斯坦淘汰母牛与普通肉牛育肥技术的比较

一、生理与生长特性对比

荷斯坦淘汰母牛与肉牛在生理和生长特性上存在显著差异，这些差异决定了两者育肥策略的不同。荷斯坦淘汰母牛由于长期以泌乳为主要生产目标，其能量代谢更倾向于乳腺，而非肌肉和脂肪沉积，因此育肥过程中脂肪沉积速度较慢，需要更长的育肥周期和特殊的饲养管理。此外，荷斯坦淘汰母牛的胃肠道容积较肉牛更大，但营养吸收效率相对较低，因此在高密度日粮饲喂下，其生长速度往往不及肉牛。另外，肉牛的生长模式以肌肉发育为主，早期生长速度快，育肥阶段能够迅速沉积肌间脂肪，提高牛肉的大理石花纹度。肉牛的瘤胃对高能量饲料适应性更强，能有效利用谷物饲料提高育肥效率。由于这些生理特性的不同，在育肥管理上，荷斯坦淘汰母牛需要特别关注饲料配比、日粮过渡以及瘤胃健康管理，以提高能量转化率，优化育肥效果。

二、营养需求与日粮配制对比

在营养需求与日粮配制方面，荷斯坦淘汰母牛与肉牛之间存在显著差异，这些差异直接影响到各自育肥效果的优化。乳用品种牛的营养需求比肉用品种牛高出10%～20%。乳用品种牛由于其高产奶性能，通常需要更多的能量和蛋白质支持其正常生长和育肥。而肉用品种牛则主要注重肌肉和脂肪的生长，营养需求相对较低。了解不同品种牛的营养需求，可以更精准地制定饲养策略，确保牛群的健康和高效增重。荷斯坦淘汰母牛虽然需要较高的能量摄入，但由于其代谢特性主要用于维持泌乳功能，其能量转化为脂肪和肌肉的效率较低。因此，在日粮配制中，荷斯坦淘汰母牛需要通过合理调整高能量饲料与粗饲料的比例，既满足其高能需求，又避免因能量过剩而引起代谢紊乱或消化不良。与此同时，荷斯坦淘汰母牛对蛋白质的需求相对适中，其日粮中适量添加优质蛋白质主要是为了维持基本生长和修复功能，而并非单纯追求肌肉的快速增长。相比之下，肉牛育肥期间对能量的需求更加旺盛，其能量利用效率也更高，因此在日粮中往往会采用更高比例的精料，如谷物和其他高能量饲料，以迅速促进肌肉增长和理想脂肪沉积，进而形成均匀的大理石花纹。另外，肉牛对粗饲料的利用能力相对较低，饲料中更强调精料的供给；而荷斯坦淘汰母牛由于长期适应以高纤维饲料为主的饲养模式，具备较好的粗饲料消化能力，但这也使得其对高能量日粮的适应性不如肉牛。此外，微量元素和维生素的需求也存在差异，荷斯坦淘汰母牛在育肥过程中通常需要额外补充维生素A、维生素E及矿物质，以支持较长的育肥周期和抵御外界应激，而肉牛在育肥后期则更注重钙、磷等矿物质的比例调控，以优化骨骼和肌肉的协调发育。

研究人员通过研究不同能量水平对淘汰西门塔尔母牛育肥效果的影响时发现，采用高能量日粮显著提高了牛只的日增重，并有效提高了饲料转化率。该研究表明，无论是淘汰西门塔尔奶牛还是淘汰荷斯坦奶牛，高能量日粮均有助于促进肌内脂肪的沉积，从而改善肌肉的嫩度。与此同时，还有研究进一步指出，随着日粮营养水平的提升，淘汰荷斯坦奶牛的日增重和背膘厚度都有明显改善，而料重比则显著下降；此外，日粮的营养水平还对瘦肉率、肉中脂肪含量及脂肪酸组成产生了显著影响。还有研究发现，通过提高日粮的能量水平，荷斯坦淘汰母牛不仅能够获得最佳的增重效果和最高的饲料转化率，而且能在一定程度上提高屠宰率，促进脂肪沉积，从而改善肉品质。综上所述，针对荷斯坦淘汰母牛和肉牛在能量需求、蛋白质水平、粗饲料与精料利用以及微量营养素供给等方面的差异，日粮配制必须进行精准调整，以实现提高饲料转化率、促进理想脂肪与肌肉沉积，并最终提高育肥效率和经济效益的目标。

三、育肥模式对比

在育肥模式方面，荷斯坦淘汰母牛与肉牛采用截然不同的策略，这主要源于两者在生理功能和生长目标上的根本差异。荷斯坦淘汰母牛育肥的目标主要是提高胴体脂肪含量，改善肉质，其育肥过程通常需要较短的周期（一般为3～5个月）。由于荷斯坦淘汰母牛遗传上侧重于泌乳功能，体内能量更多地用于维持乳腺活动而非肌肉和脂肪的快速增长，因此在饲料配制上往往采用高能量日粮与适量粗饲料相结合的策略，以促进脂肪的逐步沉积，同时避免因能量过剩而引起代谢失衡。相较之下，肉牛育肥模式则着重于长期的直线育肥策略。由于肉牛较高的能量利用效率和快速的生长速度，能够在集约化管理下显著提高屠宰率和产品质量。

第三节　肉牛育肥技术在荷斯坦淘汰母牛育肥中的应用

一、高能量日粮应用

在肉牛育肥中，高能量日粮的应用是实现快速增重和高效脂肪沉积的关键技术。针对肉牛的特点，其日粮通常大量添加玉米、酒糟等高能量原料，以提高饲料的能量密度，促进肌肉和脂肪的迅速沉积。同样的思路也被引入荷斯坦淘汰母牛的育肥过程中。尽管荷斯坦淘汰母牛由于遗传背景和生理特性的不同，在能量转化和脂肪沉积上不及肉牛，但通过优化日粮配比，调整精粗料比例，并合理增加高能量成分，仍可有效改善其生长性能。关键在于根据荷斯坦淘汰母牛相对较弱的高能量日粮适应性，应精细控制精料的添加量，防止因过量摄入精料引发瘤胃酸中毒或消化不良，从而在保障健康的前提下，实现体重和脂肪的合理增加。

二、环境管理优化

现代肉牛育肥技术十分重视育肥环境的优化，通过改善饲养舍内的温湿度控制、通风系统和粪污处理等措施，为牛只创造健康、舒适的生长环境。在荷斯坦淘汰母牛育肥中，同样需要借鉴这一理念。科学设计的育肥舍不仅能有效降低高温或潮湿环境对牛只的不利影响，还能提高饲料转化率和生长效率。合理的分群管理和空间布局，能够减少牛群间的竞争和应激反应，进而为牛只提供稳定且适宜的生长环境，从而在整体上改善育肥效果和产品质量。

三、健康管理与疫病防控

健康管理与疫病防控是肉牛育肥技术中的重中之重。常规的健康检查、疫苗接种以及代谢性疾病的预防措施，为肉牛在密集育肥过程中提供了强有力的保障。在荷斯坦淘汰母牛育肥过程中，借鉴这些成熟的健康管理策略尤为必要。通过定期监测牛只健康状态，及时识别和干预如酮病、脂肪肝等代谢异常问题，可以显著降低疾病发生率，并保持牛群的整体健康水平。同时，在运输、转场等环节加强卫生与防疫措施，也有助于稳定育肥过程，确保牛只在整个生产周期中处于良好的健康状态，从而提高育肥效率和经济效益。

第四节 荷斯坦母牛育肥技术的实施

淘汰母牛肉在许多国家主要用于做肉馅、肉饼，大部分不经育肥，基本是低档牛肉；经育肥后的淘汰奶牛，其肋骨肉、背肌、臀肉能够作为高档肉。育肥后的母牛肉与优质级别牛肉的嫩度相当，但多汁性和风味好于优质牛肉。关于荷斯坦母牛如何育肥，方法如下所述。

一、育肥策略的选择

选择到合适的荷斯坦淘汰母牛后，育肥策略选择需综合考虑母牛自身条件、牧场资源、市场行情和经济效益等多项因素。育肥策略分为短期育肥和长期育肥两种，两种育肥策略都有各自的侧重点（图4-1）。

(一)短期育肥(3个月)

奶牛健康状况较差:若奶牛因年龄大、产奶量下降或轻度健康问题(如跛行、轻度乳房炎)被淘汰,但仍有短期增肥潜力,适合快速育肥以减少饲养风险。

饲料成本高或资源有限:短期育肥以高能量精料(如玉米、豆粕)为主,可快速提升体重,减少粗饲料消耗,适合饲料资源紧张或精料价格较低的牧场。

急需资金周转:短期育肥能快速出栏(90 d 内),加速资金回笼,适合市场牛肉价格高位时优先选择。

肉质要求较低:短期育肥的牛肉脂肪沉积较少,适合普通消费市场或加工用肉。

(二)长期育肥(10~12个月)

奶牛健康状况良好:若淘汰奶牛体况中等、无严重疾病,具备长期增肥潜力(如年轻淘汰牛或低产牛),长期育肥可提升胴体品质和售价。

追求高肉质溢价:长期育肥能改善大理石花纹和肉色,适合高端市场或品牌牛肉(如谷饲牛肉)。

预期未来牛肉价格上涨:若预测未来10个月肉价上涨,可延长育肥周期以获取更高利润。

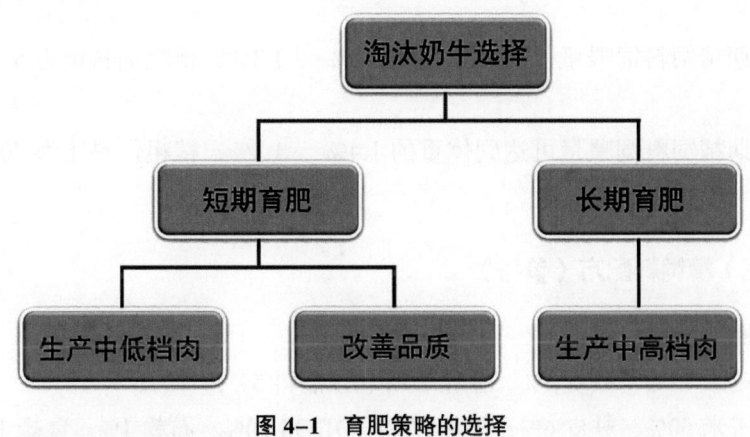

图 4-1 育肥策略的选择

二、过渡期饲养管理技术

进场后应在隔离区,隔离饲养15 d 以上,防止随牛引入疫病。

经过长途运输的淘汰奶牛第一次饮水量应根据体重大小进行控制；第二次饮水在第一次饮水后的 3～4 h 进行。

饮水后可以适量饲喂优质粗饲料。精饲料饲喂时间应根据运输时间和体况恢复决定，一般 2～4 d 可以饲喂混合精饲料，混合精饲料的喂量由少到多，逐级添加。

过渡期进行驱虫，一般可选用伊维菌素，一次用药同时驱杀体内外多种寄生虫。根据当地疫病流行情况，育肥前进行疫苗注射。

三、育肥期营养需要

（一）短期育肥

一般在 3 个月左右，采取阶段育肥技术，分前期和后期两个阶段。
前期日粮营养水平（DM）：综合净能 7.00 MJ/kg，粗蛋白为 12.50%。
后期日粮营养水平（DM）：综合净能 7.10 MJ/kg，粗蛋白为 12.00%。

（二）长期育肥

育肥 10 个月以上，达到改变肉品质的目的。育肥期应根据淘汰母牛的体重、体况和日增重配制日粮。

前期精饲料饲喂量可达到体重的 1%～1.1%，精粗饲料比为 40∶60～50∶50。

中期精饲料饲喂量可达到体重的 1.2%～1.3%，精粗饲料比为 55∶45～65∶35。

后期精饲料饲喂量可达到体重的 1.4%～1.5%，精粗饲料比为 70∶30～80∶20。

（三）精饲料配方（参考）

育肥前期：
①玉米 71%、麸皮 4%、豆粕 20%、预混料 5%；
②玉米 60%、麸皮 6%、棉粕 20%、DDGS 10%、石粉 1%、食盐 1%、小苏打 1%、预混料 1%。

育肥后期：
①玉米 76%、麸皮 3%、豆粕 16%、预混料 5%；

②玉米70%、棉粕18%、DDGS 8%、石粉1%、食盐1%、小苏打1%、预混料1%。

精粗饲料按照精粗比（干物质基础）混合饲喂，最好采用TMR日粮。

粗饲料可以是玉米秸秆青贮（每天每头5～6 kg）+酒糟（每天每头5 kg）+干秸秆，也可以单独使用青贮或干草。每天饲喂2次，自由采食。

第五节　花纹牛肉生产

近年来，随着居们生活水平的提高，人们对牛肉品质也提出了更高的要求，花纹牛肉逐渐进入人们的视野。花纹牛肉指的是一种鲜红的牛肉上分布着白色脂肪——类似于"雪花"的一种特殊牛肉。花纹牛肉富含蛋白质，氨基酸组成比猪肉更接近人体需求，并且与普通牛肉相比，花纹牛肉富含人体所需的脂肪酸，胆固醇含量极低，对提高机体抗病力具有积极作用，深受大众喜爱。花纹牛肉和普通牛肉相比，价格上有着显著差异。近十年来，花纹牛肉逐渐出现在大众的餐桌上，成为一道"舌尖上的奢侈品"。餐厅都是按照10片的规格摆盘，四两肉的售价从一两百元至上千元不等。

普通肉中，例如猪肉，其肌肉和脂肪不相互渗透，一般脂肪都沉积在皮下组织，而肌肉形成在脂肪之下，白色脂肪和红色肌肉明显分离。而牛肉却有一种独特的性质，即脂肪可以沉积到肌肉纤维之间，初期形成一条条类似大理石花纹状，随着脂肪在肌肉之间的不断深入，分布得越来越分散、越来越匀称，形成了类似雪花的花纹，不仅美观，而且肥瘦相间，口感独特。

利用淘汰的荷斯坦母牛生产花纹牛肉具有一定优势，但仍需要选择合适的育肥年龄并进行科学饲喂。

一、花纹牛肉等级划分

1. 中国牛肉分级

中国肉牛饲养由西北牧区向农业经济优势区域转移，已形成东北、中原、西北、西南四个肉牛产业带，使肉牛业作为畜牧业生产的新型产业正在逐步形成规模化养殖体系，中国牛业生产结构日趋合理和完善。大理石花纹从低到高分为1级、2级、3级、4级和5级。选取第6肋至第7肋间，或第12肋至第 13 肋间背最长肌横切面，观察其大理石花纹丰富度。当大理石花纹介于两个等级之间时，按照相似度原则，选择最接近的等级。第 6 肋至第 7 肋间与第 12 肋至第 13 肋间两处的等级不一致时，以第 12 肋至第 13 肋间的大理石花纹为主要评定标准（图 4-2）。

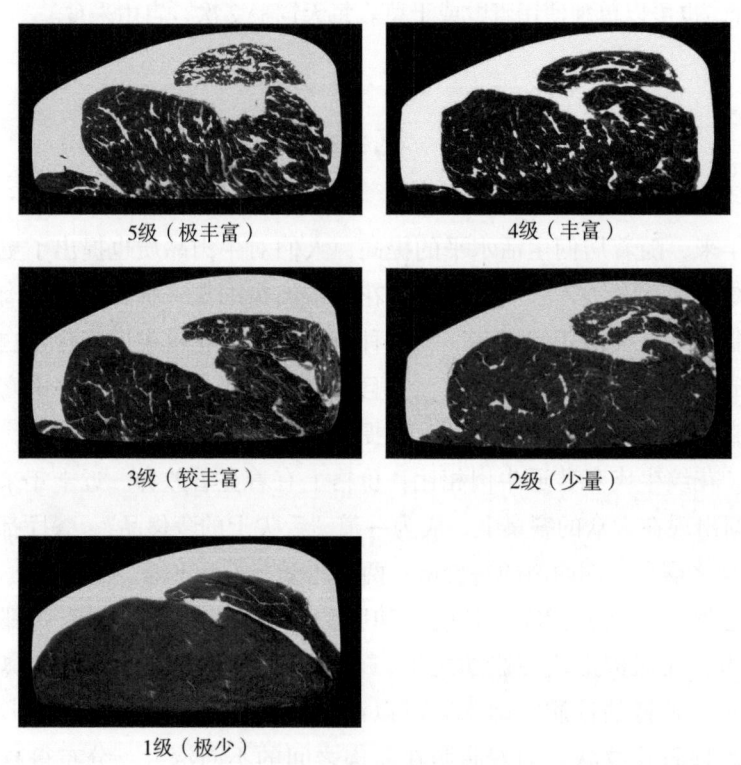

图 4-2 中国牛肉分级

（资料来源：GB/T 29392—2022）

2. 日本和牛

日本培育肉牛历史悠久，可追溯到日本明治时代以前，是专做肉用品种，被称为和牛。其中比较有名的"神户牛""松阪牛"等不是牛的品种，而是属于和牛中的一种品牌。和牛肉等级划分：按照可食用比率与油花等级，总共分为 15 级，可食用比率分 A、B、C，而油花等级分 1～5，也就是分为 A1～A5，B1～B5，C1～C5 共 15 级（图 4-3）。其中 A5 为最高级，其油花之细密，美名为"霜降牛肉"（也叫作雪花牛肉）。油花等级是以 BMS 来划分，BMS 也就是霜降度（Beef Marbling Standard）。

第四章　荷斯坦母牛育肥技术

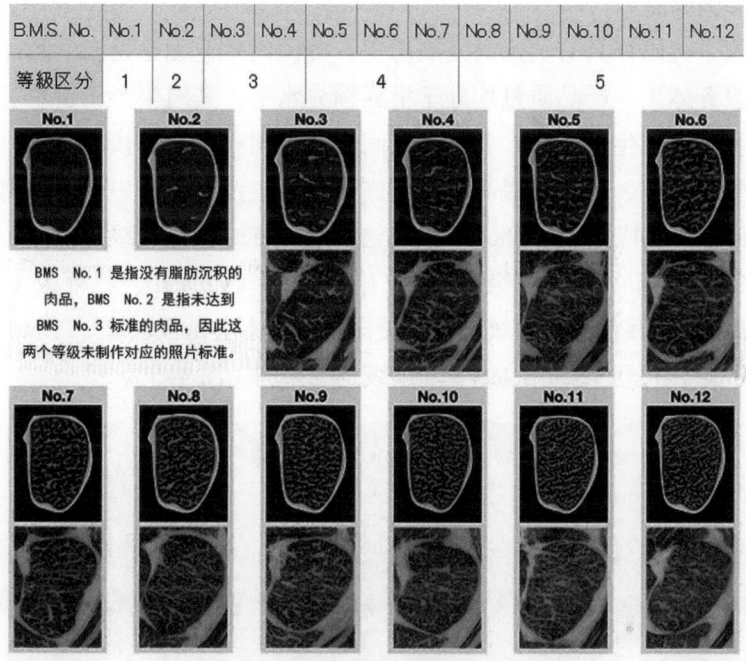

图 4-3　日本和牛牛肉分级
（资料来源：JMGA）

3. 澳洲牛肉

澳洲牛肉等级划分为 M1～M9。总体等级划分标准从肌内脂肪分布、口味、香味三方面进行判定，澳洲牛肉的肌内脂肪分布等级平均为 6 级，9 级为顶级（图 4-4）。

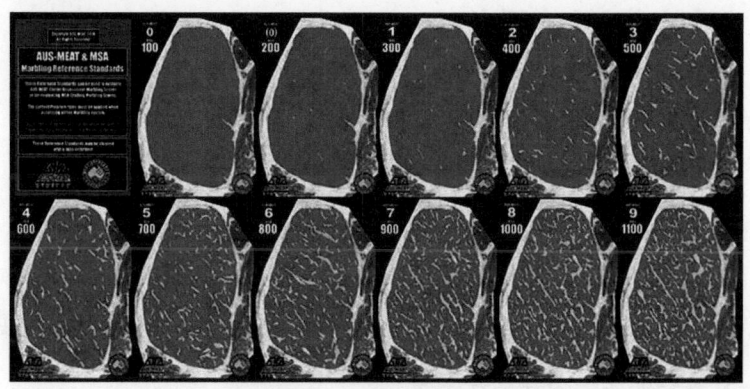

图 4-4　澳洲牛肉分级
（资料来源：mla）

4. 美国牛肉

美国牛肉同样具有久远的发展历史。美国肉牛业无论是肉牛品种、生产方式、服务体系、产品质量均处于世界领先水平，其肉牛产业建立了一个完整且运行规范的生产体系，各单元之间通过共同利益链连接在一起，形成了稳定的生产联盟，极大地提高了美国肉牛业的生产效率。牛肉等级划分：极佳级（Prime）、特选级（Choice）、优选级（Select）、标准级（Standard）、商业级（Commercial）、可用级（Utility）、切块级（Cutter）、制罐级（Canner）8个等级，国内目前零售系统销售的美国牛肉基本上是极佳级（Prime）、特选级（Choice）和优选级（Select）3个级别的牛肉（图4-5）。

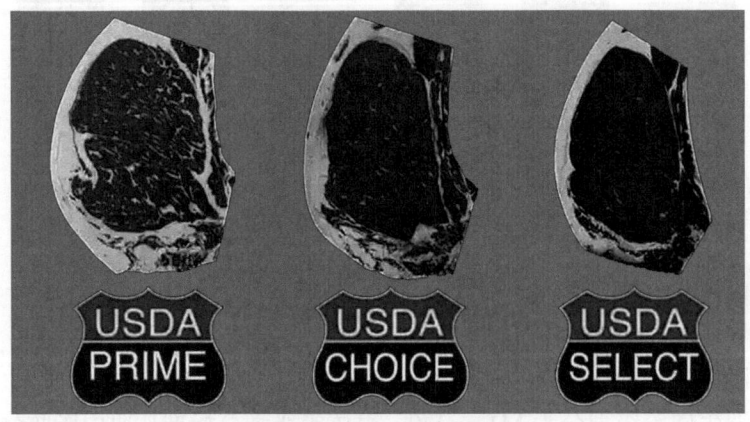

图4-5　美国牛肉分级
（资料来源：USDA）

二、花纹牛肉生产要点

（一）把握最佳育肥期

超过70%的泌乳奶牛在头三胎内被淘汰，这意味着这些奶牛大多在3～5岁时离开牛群。据文献报道，淘汰奶牛的平均年龄大约为4岁，就生理成熟度而言，属于D等级，该等级涵盖72～96月龄。相比之下，年龄较小、体况良好的淘汰牛更有可能获得更高的分级，从而具有更高的胴体价值。

（二）育肥期的饲料营养及饲喂

高能量水平日粮能促进肌内脂肪的沉积；做到日粮中蛋白质、矿物质、微量元素和维生素的供给平衡;提高日粮中的能量水平。

精饲料:以玉米、大麦、小麦和麸皮为主要的能量饲料,豌豆、黄豆为主要的蛋白质饲料,同时进行膨化或熟化处理;粗饲料:苜蓿、麦秸、稻草和青干草等,也可饲喂全株玉米青贮,但要做到饲喂适量;注意育肥时脂肪组织的颜色变化,不能在育肥后期使用青草、黄玉米和红胡萝卜等颜色重的饲料,改喂可使脂肪白而坚硬的饲料,如麦类、麸皮、马铃薯、淀粉渣等粗饲料,应使用黄色干秸秆为主,如玉米秆、干草;出栏前 15～30 d 停止饲喂酒糟和青贮;添加维生素 E 等抗氧化剂;在日粮成分变动时,要注意做到逐渐过渡。高精料育肥时应防止牛发生酸中毒。

(三)育肥的阶段

育肥一般为分时期育肥;育肥前期,精料和粗料的配比为 4∶6 左右,然后逐渐向 5∶5 左右过渡;中期精饲料饲喂量逐渐增多,精粗饲料比为 5∶5～6∶4;后期改善肉质阶段的目标是让脂肪充分沉积到肌肉纤维层,饲喂应以高能低蛋白质饲料为主,精料和粗料的配比逐渐过渡到 6∶4～7∶3。出栏时体重须达 800～850 kg 及以上。

第六节 未来发展方向

一、标准化体系建设与精准化管理

未来,建立荷斯坦淘汰母牛育肥的标准化体系和精准化管理模式将是提升生产效率的关键。针对不同育肥阶段牛只的生理特点和营养需求及不同育肥方式,通过系统研究制定出最佳日粮配方和饲养方案,可使育肥过程更加科学和高效。此外,随着基因育种和精准营养调控技术的进步,未来荷斯坦淘汰奶牛的育肥模式可能更加个性化,针对不同体况的奶牛采用定制化日粮,提高育肥效果。同时,利用信息化手段对牛只的生长、饲料消耗和环境指标进行实时监控,实现数据化管理和动态调整,既能及时发现问题,又能持续优化饲养策略。这种标准化和精准化的管理模式,不仅有助于提高饲料转化率和育肥效益,也为行业的规模化和现代化发展奠定基础。

二、智能化与自动化育肥技术

随着物联网、人工智能等现代科技的快速发展，智能化与自动化育肥技术在肉牛育肥领域的应用前景广阔。未来，通过引入智能饲喂系统和自动环境监测设备，可以实现对育肥全过程的实时监控和精准调控。智能化系统能够根据牛只实时健康状况和生长数据，自动调整饲料配比和供应量，确保每头牛均能获得最适宜的营养支持。此外，自动化管理还可以减少人力成本和操作失误，提高整体管理效率和育肥稳定性，为荷斯坦淘汰母牛育肥提供更为先进和可靠的技术支持。

三、绿色低碳育肥模式

在当前资源紧缺和环境压力不断加大的背景下，绿色低碳育肥模式成为未来发展的重要方向。肉牛育肥技术中已经探索出低碳日粮、粪污资源化利用以及节能减排等有效措施，这些理念同样适用于荷斯坦淘汰母牛育肥。通过优化饲料配方和改进生产工艺，降低育肥过程中甲烷等温室气体的排放；同时，利用粪污发酵等技术实现废弃物的资源化处理，既减少环境污染，又提高资源利用率。绿色低碳育肥模式不仅有助于实现可持续发展目标，也符合国家农业节能减排政策的要求，为整个育肥产业的环保转型提供了新的路径。

综上所述，荷斯坦淘汰母牛的育肥潜力巨大，合理借鉴肉牛育肥技术，能够显著提升其生产性能和经济价值。未来需要加强科学管理，优化饲料配方，提高健康水平，推进智能化、绿色化育肥模式，以实现产业的可持续发展。

第五章
荷斯坦母牛育肥管理

第一节　育肥期饲养管理

牛在生长期间，其身体各部位、各组织的生长速度是不同的。每个时期有每个时期的生长重点。早期的重点是头、四肢和骨骼；中期则转为体长和肌肉；后期重点是脂肪。牛在幼龄时四肢骨生长较快，以后则躯干骨骼生长较快。随着年龄的增长，牛的肌肉生长速度从快到慢，脂肪组织的生长速度由慢到快，骨骼的生长速度则较平稳。内脏器官大致与体重同比例发育。在牛生产中，与经济效益关系最为密切的是肌肉组织、脂肪组织和骨骼组织。

肌肉与骨骼相对重量之比，在初生时正常犊牛为2∶1，当肉用牛屠宰时，其比例就变为5∶1，即肌肉与骨骼的比例随着生长而增加。由此可见，肌肉的相对生长速度比骨骼要快得多。肌肉与活重的比例很少受活重或脂肪的影响。对肉用牛来说，肌肉重占活重的百分比是产肉重的重要指标。

脂肪早期生长速率相对缓慢，进入育肥期后脂肪增长很快。肉牛的性别影响脂肪的增长速度。以脂肪与活重的相对比例来看，青年母牛较阉牛肥育得早一些、快一些；阉牛较公牛肥育得早一些、快一些。

根据上述规律，应在不同生长期给予不同的营养物质，特别是对于肉用牛的合理肥育具有指导意义。即在生长早期应供给青年牛丰富的钙、磷、维生素A和维生素D，以促进骨骼的增长；在生长中期应供给丰富而优质的蛋白质饲料和维生素A，以促进肌肉的形成；在生长后期应供给丰富的碳水化合物饲料，以促进体脂肪沉积，加快肉用牛的肥育。

一、养殖方式

(一) 饲料搅拌

育肥牛的饲喂中将饲料混合拌匀后饲喂，将育肥牛日粮组成的各种饲料按比例（称量准确）全部混合，掺匀后投喂。所谓混合均匀，在有机械混合时，至少开动机器 3 min（图 5-1）；在手工操作时，至少应搅拌 3 次（把所有饲料搅拌 3 次），以看不到饲料堆里有各种饲料层次为准。这样的饲料，牛不会挑食，而且先上槽牛和后上槽牛采食到的饲料比例基本一致，提高了育肥牛生长发育的整齐度。在饲喂育肥牛时，可以采用干拌料，也可以采用湿拌料。在喂牛前将蛋白质饲料（棉籽饼、胡麻饼、葵花籽饼）、能量饲料（玉米粉、大麦粉）、青贮饲料、糟渣饲料、矿物质添加剂及其他饲料按比例称量放在一起来回翻倒 3 次，此时喂牛最好。育肥牛不宜采食干粉状饲料，防止牛只由于边采食边呼吸将粉状料吸入气管。育肥牛在采食半干半湿混合料时要防止混合料发酵产热，影响牛只采食量。因此，应多次拌料，以能满足牛 4～6 h 的采食量为限，用完再拌；将拌匀的混合料摊放在阴凉处，以 10 cm 厚为宜。

图 5-1 TMR 全混合日粮饲料制备机

（二）饲喂次数

目前在我国，大多数育肥牛的饲喂次数是日喂 2 次或 3 次，少数实行自由采食。自由采食能满足牛生长发育的营养需要，因此长得快，牛的屠宰率高，出肉多，育肥牛能在较短时间内出栏；而采用限制饲喂时，牛不能根据自身要求采食饲料，限制了生长发育速度。自由采食牛的整齐度也较限制采食牛好。

（三）投料方式

将按比例配好的日粮堆放在牛食槽边，少喂勤添。一般牛的采食规律是早上采食量大，因此早上第一次添料要多一些，太少了容易引起牛只争料而顶撞斗架；晚上饲养人员休息前，最后一次添料量要多一些，因为牛在夜间也采食。

（四）饲料更换

很多牛场从育肥牛进栏到出栏都用相同的饲料；随着体重的增加，各种饲料的比例也会有调整，因此在育肥牛的饲养过程中，要及时调整饲料。饲料的更换应采取逐渐更换的办法，绝不可骤然变更，打乱牛只原有的采食习惯，应该有 3~5 d 的过渡期，逐渐让牛只适应新更换的饲料。在饲料更换期间，要求饲养管理人员勤观察，发现异常应及时采取措施，尽量减少饲料应激。

二、饮水

育肥牛体内水的来源有代谢水、饲料含水及饮水。水是廉价的资源，但常常被人们忽视而影响育肥牛的生长发育。

要想获得比较理想的饲养效果，除了要设计好饲料配方、做好保健以外，要想方设法让牛多采食饲料，达到多吃多长的目的。要达到多吃快长必须保证育肥牛充足的饮水。随着育肥牛体重、采食量、日增重的增加，饮水量也增加。如何满足育肥牛饮水需要，采用自由饮水法最为适宜。在每个牛栏内装有能让牛只随意饮到水的装置，此饮水设备的位置最好设在牛栏粪尿沟的一侧或上方，这样供水系统流出的水能很快进入粪尿沟，不会弄湿牛栏。冬季饮水时应选用加温设备，不能直接使用冰水饲喂。

饮水道具的清洁也是圈养育肥牛饮水管理的重要环节。一般而言，饮水设施应该每周清洗一次，同时定期更换水质，保证饮水清洁、卫生。在清洗饮水设施时，一定要注意使用合适的清洗剂和消毒剂，避免对饮水设施造成损害。同时，在更换水质时也需要注意水源的安全和质量，避免给牛只带来健康问题。

三、育肥期的管理

（一）合理分群

对荷斯坦母牛进行育肥前要对牛群进行合理的分群。分群要根据牛个体的生长发育情况，按照年龄、体重、体质等进行分群，每群以 10～15 头为宜。在育肥过渡期结束后就要完成大群向小群的过渡，在以后的育肥过程中尽量不再分群、调群，以免产生应激反应，影响生长发育和育肥效果。

（二）定期称重

在育肥过程中要定期进行称重。一般每两个月称重一次，同时测量体尺，做好记录，以充分了解母牛的育肥情况，便于及时调整饲料和饲喂方法，加强成本核算，提高管理水平，以达到最佳育肥效果。因不同生长育肥阶段对日粮的营养需求不同，因此需要根据需求更换饲料，但是要注意在换料时要有 7～15 d 的换料过渡期，让母牛的胃肠有一个调整的过程，以免发生换料应激影响其健康。

（三）疾病预防

做好荷斯坦母牛疾病的预防工作。除了要在隔离期以及过渡期对牛群进行驱虫外，在育肥过程中也要定期对牛只进行预防性驱虫，包括体内及体外寄生虫的驱除工作。在驱虫后要将粪便堆积发酵，杀灭虫源。保持牛体清洁卫生，做好牛舍环境卫生的清扫工作，保持牛舍清洁干燥，定期使用消毒剂对牛舍、用具等进行消毒，根据本场的免疫计划做好免疫接种工作。

四、预防瘤胃酸中毒

瘤胃酸中毒是因采食大量的谷类或其他富含碳水化合物的饲料后，导致瘤胃内产生大量乳酸而引起的一种急性代谢性酸中毒。其特征为消化障碍、瘤胃运动停滞、脱水、酸血症、运动失调、衰弱，常导致死亡。本病又称乳酸中毒、谷物性积食、乳酸性消化不良、中毒性消化不良、中毒性积食等。生产上经常发生，对生产影响很大，特别是慢性瘤胃酸中毒，往往没有引起足够的重视，严重影响育肥母牛生长和饲料转化率的提高。高精料育肥的重要原则就是预防瘤胃酸中毒。

（一）瘤胃酸中毒的病因

给育肥牛饲喂大量谷物，如大麦、小麦、玉米、稻谷、高粱及甘薯干，特别是粉碎后的谷物，在瘤胃内高度发酵，产生大量的乳酸而引起瘤胃酸中毒。

舍饲育肥牛若不按照由高粗饲料向高精饲料逐渐变换的方式，而是突然饲喂高精饲料时，易发生瘤胃酸中毒。

现代化育肥牛生产中常因饲料混合不匀，而使采食精料含量多的牛只发病。

当牛只采食苹果、青玉米、甘薯、马铃薯、甜菜及发酵不全的酸湿谷物的量过多时，也可发病。

（二）症状

最急性病例，往往在采食谷类饲料后 3～5 h 内无明显症状而突然死亡，有的仅见精神沉郁、昏迷，而后很快死亡。

轻微瘤胃酸中毒的病例，病畜表现神情恐惧，食欲减退，反刍减少，瘤胃蠕动减弱，瘤胃胀满；呈轻度腹痛（间或后肢踢腹）；粪便松软或腹泻。若病情稳定，无须任何治疗，3～4 d 后能自动恢复进食。

中等瘤胃酸中毒的病例，病畜精神沉郁，鼻镜干燥，食欲废绝，反刍停止，空口虚嚼，流涎，磨牙，粪便稀软或呈水样，有酸臭味。体温正常或偏低。如果在炎热季节，患畜暴晒于阳光下，体温也可升高至 41℃。呼吸急促，达 50 次 /min 以上；脉搏增数，达 80～100 次 /min。瘤胃蠕动音减弱或消失，听、叩结合检查有明显的钢管叩击音。

重剧性病例，病畜蹒跚而行，碰撞物体，双目无神，瞳孔对光反射迟钝；卧地，头回视腹部，对任何刺激的反应都明显下降；有的病畜兴奋不安，向前狂奔或转圈运动，视觉障碍，以角抵墙，无法控制。随病情发展，后肢麻痹、瘫痪、卧地不起；最后角弓反张，昏迷而死。重症病例，实验室检查的各项变化出现更早，发展更快、变化更明显。

（三）监测

采食均匀度及采食量监测：采食量和均匀度是反映瘤胃功能稳定性的直接指标，失衡可能引起发酵异常。

粪便观察：瘤胃酸中毒导致淀粉在小肠未充分消化，进入大肠后异常发酵，引发渗透性腹泻。

神经症状关联：瘤胃酸中毒导致内毒素释放和代谢性酸中毒，引发中枢抑制。

瘤胃 pH 值检测：直接反映瘤胃内环境，正常范围 pH 值 6.0～7.0（酸中毒阈值：pH 值＜5.8 持续超过 3 h）。

血液生化指标，CO_2 结合力和尿液 pH 值及相关指标。

（四）预防瘤胃酸中毒的措施

精粗饲料合理搭配，生产中常见搭配模式如下：

青绿饲料＋精饲料；

青绿饲料＋酒糟＋精饲料；

青贮饲料＋精饲料；

青贮饲料＋酒糟＋干粗饲料＋精饲料；

酒糟＋干粗饲料＋精饲料。

碳酸氢钠（小苏打）使用：补充唾液中碳酸氢钠的不足，中和瘤胃中的酸性物质，提升 pH 值；使用量：混合精料的 1%～3%。

氧化镁：每日加入 50～90 g 氧化镁或按精料量的 0.5% 添加，一般碳酸氢钠和氧化镁的比例为 2∶1 或 3∶1。

其他方法：添加烟酸、酵母培养物、益生菌等。

第二节　荷斯坦母牛出栏要求

荷斯坦母牛的体重增加是有规律的。通常来说，母牛育肥效果达到最高时会慢慢下降，饲料效率也会降低，所以选择合适的出栏时机对于提高养殖户或养殖企业的收入非常重要。

一、采食量变化

牛每日的采食量越多,就会长得越快。母牛的实际采食情况受饲料质量、日粮中精饲料的多少、日粮含水量、饮用水用量等影响。育肥工作最重要的就是做好饲料营养搭配和保证牛只有效吸收利用饲料营养这两点。然而,育肥牛的采食量会随着年龄增加而逐渐降低,当采食量下降10%~20%,此时出栏经济效益比较好。

二、观察体型外貌

育肥牛发育到最佳状态时,具有以下特征:①全身肌肉丰满,看不到骨头。②背部平宽厚实;臀部丰满平坦、肥圆突出;前胸丰满、又圆又大、突出明显。③牛尾根两侧有明显的脂肪凸起。④牛膘肥体壮,行动缓慢,喜静不喜动。当牛符合以上几点时,就是最好的出栏时机。牛只发育强健,主要依靠全面的营养支持,要想达到完美的育肥效果,可以给牛只拌料补充多种维生素、氨基酸、有机矿物质等,让牛只获得最全面的营养,达到优秀的育肥效果。

三、用手触摸牛皮

可以通过触摸牛只的以下部位判断牛只是否发育成熟:①背部、腰部:摸起来厚实,柔软而有弹性。②长肋部位:牛皮厚实,大拇指和食指很难捻住牛皮。③尾根:尾根两侧柔软,脂肪很多。④牛肘部位:牛皮厚实,大拇指和食指很难捻住牛皮。当用手触摸,有以上触感时,说明牛只已经育肥成熟,可以出栏了。

四、收益最大化

最后要提的一点是,每逢佳节,牛肉价格好、销量高的时候,应果断出手已经育成的肥牛,不要纠结,在价格好的时候尽早地出售,不仅能卖到好价,还有利于节约成本,收获的经济效益比再多养一些时日再出售时会更高。

第六章 疾病防控技术

第一节 常见疾病的诊断与治疗

一、前胃弛缓

(一) 概述及诊断

前胃弛缓是荷斯坦母牛常见的消化系统疾病之一,主要表现为瘤胃蠕动减弱或停止,导致饲料在瘤胃内滞留时间过长,进而影响消化吸收功能。前胃弛缓通常分为原发性和继发性两种类型。原发性前胃弛缓多由饲养管理不当引起,如饲料突然更换、饲料质量差、精粗比例失衡等;继发性前胃弛缓则常继发于其他疾病,如酮病、创伤性网胃腹膜炎、真胃移位等。

前胃弛缓的临床症状包括食欲减退或废绝、反刍减少或停止、瘤胃蠕动音减弱或消失、粪便干硬或稀薄、体温和脉搏正常或略低。严重时,奶牛可能出现脱水、消瘦、生产力下降等症状,甚至继发其他消化系统疾病,如瘤胃酸中毒、瘤胃积食等。

(二) 治疗及预防

1. 治疗

前胃弛缓的治疗原则是恢复瘤胃蠕动功能、促进饲料消化吸收、纠正代谢紊乱和防止继发感染。具体治疗措施包括:

(1) 改善饲养管理。首先应停止饲喂劣质饲料,调整日粮结构,增加优质粗饲料的比例,如青贮饲料、干草等,减少精饲料的摄入。同时,保证充足的清洁饮水,促进瘤胃功能的恢复。

(2) 药物治疗。促瘤胃蠕动药物:如新斯的明或氨甲酰胆碱,可皮下注射,促进瘤胃蠕动。

瘤胃内容物调节:口服瘤胃兴奋剂,如酒石酸锑钾或硫酸镁,可刺激瘤胃蠕动,促进内容物排出。

纠正代谢紊乱:对于伴有酸中毒的病例,可静脉注射碳酸氢钠溶液,纠正酸中毒;对于脱水严重的病例,可静脉补液,补充电解质和能量。

(3)物理疗法。通过瘤胃按摩、瘤胃穿刺等方法,促进瘤胃内容物的排出和瘤胃蠕动的恢复。瘤胃按摩可每日进行 2～3 次,每次 10～15 min,有助于刺激瘤胃蠕动。

(4)中药治疗。中药如陈皮、山楂、神曲等具有健脾消食、促进消化的作用,可煎汤灌服,辅助治疗前胃弛缓。

2. 预防

预防前胃弛缓的关键在于科学的饲养管理和疾病防控。具体预防措施包括:

(1)合理配制日粮。根据荷斯坦母牛不同生理阶段的营养需求,科学配制日粮,保证精粗比例适宜,避免突然更换饲料。优质粗饲料如青贮饲料、干草应占日粮的 60% 以上,精饲料的添加量应根据奶牛的产奶量和体况进行调整。

(2)逐步过渡饲料。在更换饲料时,应逐步过渡,避免突然改变饲料种类和比例。通常建议在 7～10 d 内逐步完成饲料更换,以减少对瘤胃功能的冲击。

(3)定期检查饲料质量。确保饲料无霉变、无污染,避免饲喂劣质饲料。定期检测饲料的营养成分,保证饲料的营养均衡。

(4)加强饲养管理。保证奶牛有充足的清洁饮水,定期清理饲槽和水槽,保持牛舍清洁干燥,减少应激因素。定期进行瘤胃健康检查,及时发现和处理问题。

(5)疾病防控。定期进行健康检查,及时发现和治疗其他消化系统疾病,防止继发性前胃弛缓的发生。对于高产奶牛,应特别注意酮病和真胃移位的预防,定期监测血液酮体水平,及时调整日粮结构。

通过科学的饲养管理和疾病防控措施,可以有效预防荷斯坦母牛前胃弛缓的发生,保障其健康和生产性能。

二、瘤胃积食

(一)概述及诊断

瘤胃积食是荷斯坦母牛常见的消化系统疾病,主要表现为瘤胃内饲料过度充盈,导致瘤胃蠕动减弱或停止,进而影响消化功能。瘤胃积食通常由饲养管理不当引起,如长期饲喂粗纤维含量过高、难以消化的饲料(如秸秆、劣质干草等),或突然大量摄入精饲料。此外,饮水不足、运动不足、应激等因素也可能诱发瘤胃积食。

临床症状包括食欲减退或废绝、反刍减少或停止、瘤胃蠕动音减弱或消失、腹部膨大、触诊瘤胃内容物坚硬、粪便干硬或减少。严重时,奶牛可能出现脱水、消瘦、瘤胃酸中毒,甚至继发瘤胃臌气或真胃移位。

(二)治疗及预防

1. 治疗

瘤胃积食的治疗原则是促进瘤胃内容物排出、恢复瘤胃蠕动功能、纠正代谢紊乱和防止继发感染。具体治疗措施包括:

(1)改善饲养管理。立即停止饲喂难以消化的饲料,增加优质粗饲料(如青贮饲料、优质干草)的比例,并提供充足的清洁饮水,促进瘤胃内容物的软化。

(2)药物治疗。促瘤胃蠕动药物:如新斯的明或氨甲酰胆碱,可皮下注射,促进瘤胃蠕动。泻剂:口服硫酸镁或石蜡油,软化瘤胃内容物,促进排出。纠正代谢紊乱:对于脱水或酸中毒的病例,可静脉注射碳酸氢钠溶液和电解质溶液,纠正代谢紊乱。

(3)物理疗法。通过瘤胃按摩、瘤胃穿刺等方法,促进瘤胃内容物的排出和瘤胃蠕动的恢复。瘤胃按摩可每日进行 2~3 次,每次 10~15 min,有助于刺激瘤胃蠕动。

(4)手术治疗。对于严重病例,可考虑瘤胃切开术,直接取出瘤胃内积食的饲料。

2. 预防

预防瘤胃积食的关键在于科学的饲养管理和饲料选择。具体预防措施包括:

（1）合理配制日粮。根据荷斯坦母牛的营养需求，科学配制日粮，避免长期饲喂难以消化的粗饲料。优质粗饲料如青贮饲料、优质干草应占日粮的60%以上，精饲料的添加量应根据奶牛的产奶量和体况进行调整。

（2）逐步过渡饲料。在更换饲料时，应逐步过渡，避免突然改变饲料种类和比例。通常建议在7～10 d内逐步完成饲料更换，以减少对瘤胃功能的冲击。

（3）保证充足饮水。提供充足的清洁饮水，促进饲料的消化和瘤胃内容物的软化。

（4）加强饲养管理。定期清理饲槽和水槽，保持牛舍清洁干燥，减少应激因素。定期进行瘤胃健康检查，及时发现和处理问题。

三、瘤胃酸中毒

（一）概述及诊断

瘤胃酸中毒是荷斯坦母牛常见的代谢性疾病，主要由于瘤胃内酸性物质（如乳酸）过度积累，导致瘤胃pH值显著下降（pH值通常低于5.5）。该病多发于高精料饲喂的母牛，尤其是突然增加精饲料摄入量或日粮中精粗比例失衡时（图6-1）。瘤胃酸中毒可分为急性型和亚急性型，急性型症状严重，可能危及生命；亚急性型症状较轻，但长期影响母牛健康和生产性能。

图6-1　瘤胃酸中毒

瘤胃酸中毒的发病机制主要是由于大量易发酵碳水化合物（如淀粉）进入瘤胃，导致瘤胃微生物群落失衡，乳酸生成过多，瘤胃 pH 值下降。低 pH 值环境抑制了正常瘤胃微生物的活动，进一步加剧乳酸积累，形成恶性循环。

临床症状包括食欲减退或废绝、反刍减少或停止、瘤胃蠕动减弱或消失、腹泻（粪便稀薄且酸臭）、脱水、精神沉郁、步态不稳，严重时可能出现休克甚至死亡。亚急性型瘤胃酸中毒的母牛可能表现为生产力下降、蹄叶炎、体重减轻等。

（二）治疗及预防

1. 治疗

瘤胃酸中毒的治疗原则是迅速纠正瘤胃 pH 值、恢复瘤胃微生物平衡、缓解脱水和代谢紊乱。具体治疗措施包括：

（1）改善饲养管理。立即停止饲喂高精料日粮，增加优质粗饲料（如干草、青贮饲料）的比例，减少易发酵碳水化合物的摄入。提供充足的清洁饮水，促进瘤胃内容物的稀释和排出。

（2）药物治疗。碱性缓冲剂：口服或瘤胃内注入碳酸氢钠或氧化镁，中和瘤胃内的酸性物质，恢复瘤胃 pH 值；瘤胃微生物调节剂：使用益生菌或酵母制剂，帮助恢复瘤胃微生物平衡；补液和纠正代谢紊乱：对于脱水和酸中毒严重的病例，静脉注射碳酸氢钠溶液和电解质溶液，纠正代谢性酸中毒和脱水。

（3）物理疗法。瘤胃冲洗：通过胃管或瘤胃穿刺，用温水或生理盐水冲洗瘤胃，清除过多的酸性物质和未消化的饲料；瘤胃按摩：促进瘤胃蠕动，帮助内容物排出。

（4）对症治疗。对于伴有蹄叶炎的病例，可使用抗炎药物缓解疼痛和炎症；对于严重休克的病例，需进行抗休克治疗，如使用皮质类固醇和血管活性药物。

2. 预防

预防瘤胃酸中毒的关键在于科学的饲养管理和日粮配制。具体预防措施包括：

（1）合理配制日粮。根据母牛的营养需求，科学配制日粮，保证精粗比例适宜。通常建议粗饲料占日粮干物质的 40%～60%，精饲料的添加量应根据母牛体况进行调整。避免突然增加精饲料的摄入量。

（2）逐步过渡饲料。在更换饲料或增加精饲料时，应逐步过渡，通常建议在 7～10 d 内逐步完成饲料更换，以减少对瘤胃功能的冲击。

（3）使用缓冲剂和添加剂。在日粮中添加缓冲剂（如碳酸氢钠）或酵母制剂，帮助维持瘤胃 pH 值的稳定，促进瘤胃微生物的平衡。使用瘤胃保护性脂肪或纤维来源，减少对易发酵碳水化合物的依赖。

（4）加强饲养管理。提供充足的清洁饮水，促进饲料的消化和瘤胃内容物的稀释。定期清理饲槽和水槽，保持牛舍清洁干燥，减少应激因素。

（5）定期监测和健康检查。定期监测奶牛的瘤胃 pH 值和粪便状况，及时发现和处理问题。对于高产奶牛，应特别注意日粮的调整和瘤胃健康的监测，防止瘤胃酸中毒的发生。

四、腐蹄病

（一）概述及诊断

腐蹄病是荷斯坦母牛常见的一种接触性、急性传染性疾病，主要由坏死杆菌等病原微生物引起。如图 6-2 所示，该病以蹄部炎症、跛行为特征，常导致母牛生产性能下降、繁殖能力降低。病牛初期表现为喜卧、站立时频繁举蹄，随后可能出现蹄部变形、趾间皮肤裂开、肿胀、有臭味等症状。

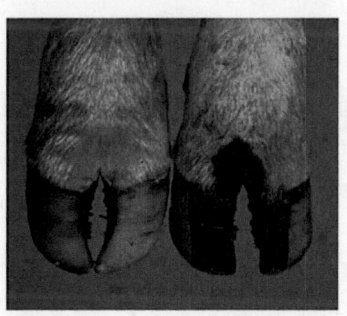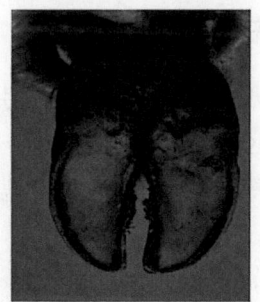

图 6-2　腐蹄病

（二）治疗及预防

1. 治疗

（1）局部治疗。首先清除患蹄的坏死组织，用 0.1% 高锰酸钾溶液清洗，再用碘酊消毒，填入高锰酸钾粉末，外涂松馏油并包扎，每隔 2～3 d 换药一次。对于轻度症状，可使用 5% 硫酸铜进行蹄浴。

（2）全身治疗。使用抗生素如青霉素、链霉素等进行肌内注射，连续 3～5 d。对于体温升高、食欲减退的病牛，可静脉注射安乃近、维生素 C 等。

（3）手术治疗。对于严重病例，可采用手术切除病变组织，术后使用抗菌药物和止痛药物。

2. 预防

（1）改善环境。保持牛舍干燥清洁，及时清理粪尿，避免地面潮湿和积粪。

（2）合理饲养。科学搭配日粮，确保钙、磷、维生素及微量元素的平衡，避免精料过多。

（3）定期修蹄。每年至少进行两次保健修蹄，及时发现和处理蹄部问题。

（4）蹄浴预防。定期使用 4% 硫酸铜溶液进行蹄浴，每周 2 次，以增强蹄角质的硬度。

（5）疾病监控。及时治疗母牛的其他疾病，如乳房炎、子宫炎等，防止继发腐蹄病。

五、焦虫病

（一）概述及诊断

荷斯坦母牛焦虫病是由焦虫引起的一种血液原虫病，表现如图 6-3 所示，主要通过蜱虫传播。焦虫寄生于母牛的红细胞内，破坏红细胞，导致贫血、发热、黄疸等症状。该病多发于温暖潮湿的季节，尤其是在蜱虫活跃的地区。

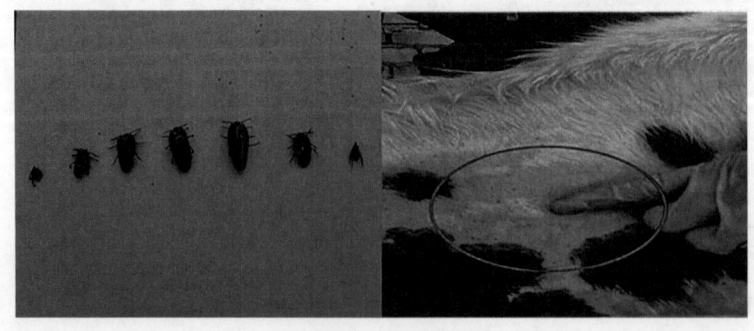

图 6-3 焦虫病

焦虫病的潜伏期通常为 1～3 周，临床症状包括高热（40～42℃）、精神萎靡、食欲减退、呼吸急促、贫血、黄疸、血红蛋白尿（尿液呈深红色或咖啡色）等。严重感染时，母牛可能出现体重下降甚至死亡。

（二）治疗及预防

1. 治疗

焦虫病的治疗应尽早进行，以减少红细胞破坏和贫血对母牛的危害。常用药物包括：

（1）咪多卡。这是一种广谱抗焦虫药物，通常通过肌内注射给药，剂量为 1～2 mg/kg 体重，间隔 14 d 重复一次。该药物能有效杀灭焦虫，但需注意其可能的副作用，如注射部位疼痛和短暂的胃肠道反应。

（2）贝尼尔。也称为二脒那嗪，剂量为 3.5 mg/kg 体重，肌内注射，连续 2～3 d。该药物对焦虫有较好的杀灭效果，但需谨慎使用，避免过量引起中毒。

（3）支持疗法。对于严重贫血的奶牛，可进行输血治疗以补充红细胞。同时，补充维生素 B_{12} 和铁剂有助于促进红细胞的再生。此外，提供高营养饲料和充足饮水，帮助奶牛恢复体力。

2. 预防

预防焦虫病的关键在于控制蜱虫的传播和增强母牛免疫力，具体措施包括：

（1）蜱虫控制。定期对牛场进行环境清理，清除杂草和灌木，减少蜱虫的栖息地。使用杀蜱药物对牛体进行喷洒或药浴，尤其是在蜱虫高发季节。常用的杀蜱药物包括拟除虫菊酯类和有机磷类。

（2）疫苗接种。在一些焦虫病高发地区，可使用焦虫疫苗进行免疫接种，以降低感染风险。疫苗虽不能完全防止感染，但能减轻临床症状和死亡率。

（3）定期监测。定期对母牛进行血液检查，尤其是蜱虫活跃季节，及时发现和治疗早期感染病例，防止疾病扩散。

（4）隔离新引进牛只。新引进的母牛应进行隔离观察和血液检查，确保无焦虫感染后再混群饲养。

六、结核病与布鲁氏菌病

(一) 概述及诊断

荷斯坦母牛结核病和布鲁氏菌病是两种严重的人兽共患病，对母牛健康、生产性能以及公共卫生安全构成重大威胁。这两种疾病均具有传染性强、潜伏期长、防控难度大的特点，是荷斯坦母牛养殖过程中需要重点防范的疾病。

结核病是由结核分枝杆菌引起的一种慢性传染病，主要影响母牛的呼吸系统和淋巴系统。病原菌在肺部组织中寄生形成结节，随后变为干酪样坏死，形成空洞（图6-4）。结核分枝杆菌可通过空气、饲料、饮水以及接触性传播，感染后潜伏期长达数周至数月。

临床症状包括慢性消瘦、咳嗽、呼吸困难、淋巴结肿大（特别是颌下和颈部淋巴结）等。在疾病晚期，母牛可能出现全身性感染，导致多器官功能衰竭。结核病的诊断通常通过结核菌素皮内试验、γ-干扰素释放试验以及病原学检测（如PCR）进行。

图6-4 肺组织干酪样坏死

布鲁氏菌病是由布鲁氏菌（图6-5）引起的一种传染性疾病，主要影响母牛的生殖系统，导致流产、不孕和乳腺炎。布鲁氏菌通过接触感染动物的分泌物（如流产胎儿、胎盘、乳汁）以及污染的饲料和水源传播。荷斯坦奶牛在妊娠期感染后，常在第6～8个月发生流产，流产后的奶牛可能长期排菌，成为传染源。

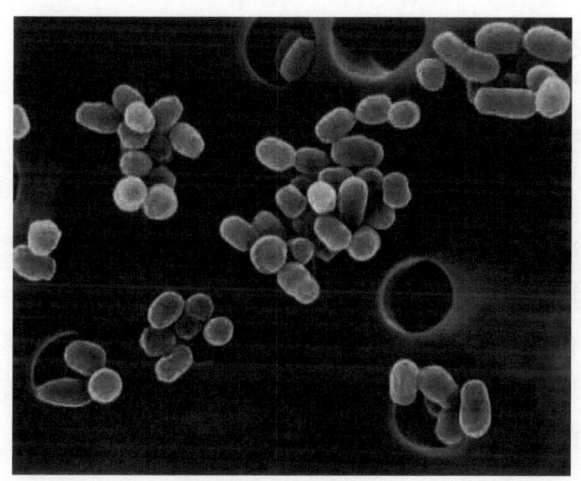

图 6-5 布鲁氏菌

（二）治疗及预防

1. 治疗

由于结核病和布鲁氏菌病均为人兽共患病，且治疗成本高、效果有限，通常不建议对感染母牛进行治疗，而是采取扑杀和无害化处理措施，以彻底消除传染源。

2. 预防

（1）定期检测与扑杀。对牛群进行定期结核菌素试验和布鲁氏菌血清学检测，发现阳性牛只立即扑杀，并进行无害化处理。同时，对感染牛群进行隔离，防止疾病扩散。

（2）疫苗接种。对于布鲁氏菌病，可使用疫苗（如 S19 或 RB51 疫苗）对牛只进行免疫接种，以降低感染风险。结核病目前尚无有效疫苗，主要依靠检测和扑杀措施。

（3）加强生物安全管理。严格控制人员、车辆和设备的进出，避免引入病原。对新引进的牛只进行隔离观察和检测，确保无感染后再混群饲养。

（4）环境消毒。定期对牛舍、饲槽、饮水设施等进行彻底消毒，使用有效的消毒剂（如氢氧化钠、漂白粉）杀灭病原菌。

（5）人员防护。养殖人员应佩戴防护装备（如手套、口罩），避免直接接触感染动物的分泌物。定期进行健康检查，防止人兽共患病的传播。

七、肺炎

（一）概述及诊断

荷斯坦母牛肺炎是一种常见的呼吸道疾病，主要由细菌、病毒或环境因素引起，常见病原包括巴氏杆菌、支原体、牛呼吸道合胞病毒等。肺炎多发于应激状态下的成年母牛，如运输、环境突变或饲养管理不当等情况。

临床症状包括发热（40～42℃）、咳嗽、呼吸急促、流鼻涕、眼部分泌物增多、精神沉郁、食欲减退等。严重感染时，奶牛可能出现呼吸困难、肺部啰音甚至死亡。

（二）治疗及预防

1. 治疗

肺炎的治疗应尽早进行，以减少肺部损伤和继发感染。常用治疗方法包括：

（1）抗生素治疗。根据病原菌选择合适的抗生素，如头孢类、氟苯尼考或恩诺沙星，通过肌内注射或静脉注射给药，疗程通常为5～7 d。

（2）抗炎药物。使用非甾体抗炎药（如氟尼辛葡甲胺）缓解发热和炎症反应，改善奶牛舒适度。

（3）支持疗法。提供清洁饮水和易消化的高营养饲料，补充电解质和维生素，帮助母牛恢复体力。对于严重病例，可进行氧气疗法或输液治疗。

2. 预防

（1）优化环境。保持牛舍通风良好，避免氨气积聚；控制湿度，定期清理垫料，减少病原菌滋生。

（2）减少应激。避免突然更换饲料或环境，运输前后提供充足的饮水和休息时间。

（3）疫苗接种。对犊牛和高风险牛群接种肺炎疫苗，如巴氏杆菌疫苗或支原体疫苗，增强免疫力。

（4）定期监测。密切观察奶牛健康状况，发现早期症状及时隔离和治疗，防止疾病扩散。

第二节 疾病防控的关键技术与综合管理策略

荷斯坦奶牛作为全球主要的乳用牛品种,其高产奶量和经济效益备受关注。然而,疾病问题一直是制约荷斯坦奶牛健康和生产性能的重要因素。为了实现高效的疾病防控,必须结合先进的技术手段和科学的综合管理策略。

一、疾病监测与早期诊断技术

疾病监测是防控工作的基础,早期诊断能够有效减少疾病传播和经济损失。现代养殖场通常采用以下技术手段。

1. 定期健康检查

通过体温检测、血液分析、粪便检测等手段,定期评估奶牛的健康状况。例如,血液检测可以早期发现贫血、炎症或感染。

2. 智能化监测技术

利用物联网和传感器技术,实时监测奶牛的体温、活动量、采食量、反刍次数等指标。这些数据通过人工智能(AI)分析,能够早期预警疾病。例如,活动量突然下降可能是发热或感染的信号。

3. 实验室诊断技术

PCR(聚合酶链式反应)、ELISA(酶联免疫吸附试验)等先进技术可以快速、准确地检测病原体,如结核分枝杆菌、布鲁氏菌等。

二、生物安全与环境卫生管理

1. 牛场布局与设施设计

合理的牛舍设计能够有效减少疾病传播。例如,良好的通风系统可以降低呼吸道疾病的发生率,而科学的排水系统能够减少蹄病的发生。

2. 消毒与清洁程序

制订严格的消毒计划,选择高效的消毒剂(如氢氧化钠、过氧乙酸),定期对牛舍、设备、运输工具等进行消毒。特别是在疾病高发季节,消毒频率应适当增加。

3. 废弃物处理

粪便、垫料和病死牛只是病原体传播的重要途径。通过堆肥、焚烧或无害化处理，可以有效减少环境污染和疾病传播。

三、营养与饲养管理

1. 精准营养供给

根据奶牛的生长阶段和生产需求，制定平衡的日粮配方。

2. 应激管理

运输、转群、气候变化等应激因素会降低母牛的免疫力。通过提供充足的水分、舒适的休息环境，逐步适应新环境，可以减少应激对牛只健康的影响。

四、疫苗接种与免疫程序

疫苗接种是预防传染病的有效手段，科学的免疫程序能够显著降低疾病发生率。

1. 疫苗种类与选择

根据当地疾病流行情况，选择合适的疫苗。例如，口蹄疫疫苗、布鲁氏菌病疫苗和牛病毒性腹泻疫苗是常见的预防性疫苗。

2. 免疫程序优化

根据奶牛的年龄、生产阶段和免疫状态，制订科学的免疫计划。

3. 免疫效果评估

通过抗体检测等手段，评估疫苗接种效果。如果抗体水平不足，应及时补免。

五、数据驱动的决策与管理

1. 全群健康管理

通过分群管理、隔离新引进牛只、淘汰病牛等措施，降低疾病传播风险。例如，将高产奶牛与低产奶牛分开饲养，可以减少疾病传播的机会。

2. 大数据分析

利用生产数据、疾病记录和环境数据，结合人工智能技术，优化防控策略。例如，通过分析历史数据，预测疾病高发期并提前采取预防措施。

3. 人员培训与责任落实

养殖人员的技术水平和责任意识直接影响防控效果。通过定期培训和明确分工，确保各项防控措施得到有效执行。

六、未来发展趋势

1. 基因编辑与抗病育种

通过 CRISPR 等基因编辑技术,培育抗病性更强的荷斯坦奶牛品种。

2. 新型疫苗与药物研发

mRNA 疫苗、纳米疫苗等新型疫苗技术有望在未来应用于奶牛疾病防控。

3. 智能化养殖

自动化饲喂系统、智能监测设备和机器人技术的应用,将进一步提高疾病防控的效率和精准性。

综上所述,荷斯坦奶牛疾病防控是一项系统工程,需要结合先进的技术手段和科学的综合管理策略。通过疾病监测、生物安全、营养管理、免疫程序、数据驱动决策等多方面的努力,可以有效降低疾病发生率,提高奶牛健康水平和生产性能,为养殖业的可持续发展奠定坚实基础。未来随着科技的不断进步,荷斯坦奶牛疾病防控将迎来更加广阔的发展前景。

第七章 环境控制技术

在荷斯坦母牛饲养过程中，适宜、健康的环境不仅能够提升母牛的生产性能，还能减少疾病发生率，提高整体经济效益。本章将深入探讨冬季饮用温水技术、养殖场灭蝇技术以及如何创造舒适的环境条件。

第一节 冬季饮用温水技术

冬季低温环境下，荷斯坦母牛饮用冷水会对生理机能造成不利影响，如导致代谢速率降低、能量消耗增加，甚至引发消化系统疾病。冬季日粮配比中水分与其他季节相比较少，干物质摄入比重增大，所以在低温条件下更要注意牛只对自由饮水的摄入。因此，科学管理饮水温度是牛场冬季饲养的关键环节。

一、水源的选择

优质的水源是保障奶牛饮水安全和健康的基础。常见的水源包括井水、自来水和河水等。井水通常水质较为稳定，受污染的可能性较小，但需要定期检测其矿物质含量和微生物指标，确保符合牛只饮用标准。自来水经过处理，水质相对清洁，但可能含有一定的消毒剂残留，需要适当处理后再供牛只饮用。河水则容易受到周围环境的污染，如农业面源污染、工业废水排放等，一般不建议直接作为牛只的饮用水源，若使用需进行严格的净化和消毒处理。

二、水温控制与设备应用

寒冷地区规模化养殖场普遍备有冬季水槽保温或加热饮水装置，牛用饮水装置加热方式主要有直接电加热、太阳能加热、沼气加热等，其中在规模养殖场电加热最为常见（图7-1）。

（一）电加热饮水装置

这种加热器通过电能转化为热能加热水。电加热饮水槽主要由槽体、支撑固定架、电加热控制系统和水位控制系统组成，槽体分为不锈钢和高强度塑料两种材质，其中不锈钢具有不腐不锈、不易结污垢、易于清洗，坚定可靠，使用寿命长等特点；高强度塑料具有无焊接，不生锈，抗冲击，抗紫外线等优势。

图 7-1 恒温饮水槽

（二）太阳能加热饮水装置

太阳能加热饮水装置利用太阳能集热器吸收太阳辐射能，将水加热后储存在储水箱，然后放入水槽供牛饮用。其优点是转化效率高、绿色环保、安全、运行成本低、符合可持续发展理念。但太阳能加热饮水装置成本较高，且受天气影响，在阴天或冬季日照不足时，可能无法提供足够的热水。可以将电加热系统和太阳能加热系统进行改进或结合，在日照充足、多雪寒冷的地区使用。

（三）燃油（气）加热设备

燃油（气）加热设备通过燃烧燃油或燃气来产生热量，加热效率高，能够快速提供大量的热水。但在使用过程中，需要注意设备的安全运行和环保问题，如安装有效的尾气处理装置，防止有害气体排放对环境造成污染。

（四）沼气加热饮水装置

随着沼气工程先进工艺、技术和设施研发的快速发展，养殖场的粪便污水通过沼气池或沼气罐发酵处理产生沼气，用作热能或电能供养殖场应用，沼渣沼液作为有机肥料回收利用或达标排放。但此装置需要完整的处理设备和处理工艺，才能与养殖场的设施相匹配，因此这种模式目前只在大规模养殖场得到应用，实际使用效果也需要进一步验证。

三、水质监测与清洁管理

定期对温水进行水质监测，是保障奶牛饮水安全的重要措施。水质监测的指标包括酸碱度（pH 值）、硬度、微生物含量（如细菌总数、大肠杆菌数等）、重金属含量等。一般每 1~2 周进行一次常规水质检测，每 3~6 个月进行一次全面的水质分析。若发现水质异常，应及时采取相应的处理措施，如更换水源、进行水质净化处理或调整水处理设备的运行参数等。定期清理水槽内的食物残渣和污染物，使用密封性良好的饮水设备以减少外界污染。例如，在恒温系统中设置排污管和溢流装置，通过电机牵引活塞定期换水，配合消毒措施维持水质卫生等。

四、设备管理

定期对温水供应系统的设备进行维护和保养，可延长设备的使用寿命，确保系统的正常运行。对于加热设备，应定期清理加热元件表面的水垢和杂质，检查电气线路的连接是否牢固，确保设备的安全运行。对于储水设施，应定期清洗水箱，防止微生物滋生和水垢积累。对于管道系统，应检查管道是否有漏水、破损等情况，及时进行修复和更换。同时，应建立设备维护档案，记录设备的维护时间、维护内容和维修情况等。

第二节　养殖场灭蝇技术

一、苍蝇对养殖场的危害

苍蝇是养殖场常见害虫，其对养殖场的危害是多方面的。首先，苍蝇的叮咬和骚扰会严重影响牛只的休息和采食，导致牛只应激反应增加，进而影响其生长性能。其次，苍蝇是多种病原体的传播媒介，能够传播如口蹄疫、结核病、布鲁氏菌病、大肠杆菌病等多种疾病，对牛只健康构成严重威胁。

苍蝇在觅食过程中，会接触到各种污染物，如粪便、污水、病死动物等。最后，将病原体传播到饲料、饮水和牛只体表，增加牛只感染疾病的风险。

二、灭蝇措施

（一）化学防治

化学药剂具有高效性和快速性，例如敌敌畏、三氯杀虫酯、氯菊酯、高效氯氰菊酯、溴氰菊酯等杀虫剂。敌敌畏作为一种有机磷类杀虫剂，因其价格低廉、杀虫效果显著，曾长期被广泛应用于家蝇等害虫的防治。然而，随着时间的推移，敌敌畏的局限性逐渐显现：首先，抗性问题日益突出。由于长期大量使用，家蝇等多种害虫对敌敌畏产生了显著的抗药性，导致其防治效果大幅下降。这种抗性的快速发展使得敌敌畏在实际应用中逐渐失去优势。其次，高毒性和环境危害成为其被淘汰的主要原因。敌敌畏对哺乳动物具有较高的毒性，容易通过皮肤接触、吸入或误食对人体健康造成危害。此外，敌敌畏在环境中难以降解，容易通过生物富集作用在食物链中积累，对生态系统造成长期负面影响。基于以上原因敌敌畏已淡出市场。近几年，拟除虫菊酯类杀虫剂成为主要杀虫剂，具有对人畜安全、环境危害小等优点，但长期使用蝇类会产生抗性，对鱼类和益虫也有较大危害。

（二）生物防治

生物防治包括利用致病性微生物、捕食性天敌、寄生性天敌与竞争性生物等防治蝇类。如苏云金芽孢杆菌、球孢白僵菌等，这些微生物能够感染并杀死苍蝇的幼虫，从而达到有效防治，且对环境和奶牛相对安全；捕食性天敌通过捕食蝇类来达到控制苍蝇数量；寄生性天敌如隐翅虫、寄生蜂，通过寄生苍蝇抑制其生长发育，限制种群增长；竞争性生物是与苍蝇处于同一生态位的其他昆虫，与苍蝇竞争生存空间和食物，增加苍蝇的生存压力，从而达到控制数量的目的。

（三）物理防治

物理防蝇措施简单有效，可在一定程度上减少苍蝇进入牛舍的数量。在牛舍的门窗、通风口等部位安装纱窗、纱门，阻止苍蝇进入。纱窗、纱门的网眼应足够细密。此外,还可以使用捕蝇笼、粘蝇板等物理工具捕杀苍蝇。捕蝇笼应放置在苍蝇活动频繁的区域,如牛舍门口、饲料槽附近等,定期清理捕蝇笼内的苍蝇,保持其诱捕效果。粘蝇板应选择黏性强、无毒的产品,悬挂在牛舍内的合适位置,定期更换粘蝇板,以确保其有效性。

(四)环境治理

环境治理是控制苍蝇滋生的根本措施。保持养殖场的清洁卫生,及时清理粪便、污水和废弃物,减少苍蝇的繁殖场所。粪便应采用堆肥、沼气发酵等方式进行无害化处理,堆肥过程中应控制好温度、湿度和通风条件,确保粪便充分腐熟,杀死其中的苍蝇卵和幼虫。污水应经过处理后达标排放,避免污染周围环境。同时,要定期对养殖场进行消毒,可使用含氯消毒剂、过氧乙酸等消毒剂,杀灭环境中的病原体和苍蝇幼虫。

三、灭蝇效果的评估与持续改进

为了确保养殖场灭蝇措施的有效性,定期评估灭蝇效果并持续改进是至关重要的。以下从评估方法与数据分析两方面详细说明。

(一)评估方法

灭蝇效果的评估需要科学、系统的监测方法,常用的方法包括:
(1)目测法。通过观察牛舍内苍蝇的数量和分布情况,记录其活动频率。
(2)诱捕法。使用粘蝇板、诱蝇灯或诱捕器等工具,定期收集并统计捕获的苍蝇数量。诱捕法能够更准确地反映苍蝇的密度和种类。
(3)环境采样法。采集牛舍内的粪便、饲料残渣等样本,检测苍蝇幼虫的数量和发育情况,评估环境治理效果。

(二)数据分析

通过监测数据,可以分析灭蝇措施的效果:
(1)数量变化。比较不同时间段(如每周或每月)的苍蝇数量变化,判断灭蝇措施是否有效。
(2)密度分布。分析苍蝇在养殖场内的分布情况,找出高密度区域,针对性地加强治理。
(3)种类分析。识别苍蝇的种类,了解其生活习性和抗药性,为选择防治方法提供依据。

（三）持续改进

灭蝇工作是一个动态过程，需要不断优化和改进。

（1）定期评估。建立灭蝇效果评估的常态化机制，定期监测并记录数据。

（2）技术创新。关注行业最新技术和方法，如智能诱捕设备、新型生物农药等，提升灭蝇效率。

通过科学的评估和持续改进，可以有效控制苍蝇数量，减少其对牛只健康和生产性能的影响，为养殖场创造更加卫生、舒适的环境。

第三节　舒适的环境条件

一、牛舍的设计与建造

（一）选址与布局

牛舍的选址需要全面考虑多个因素，以确保奶牛的生活环境舒适且安全。首先，应选择地势较高、排水条件良好的地方，避免在低洼潮湿的区域建设牛舍，以防止雨水积聚和污水倒灌，从而降低奶牛患病的可能性。其次，选址时应注重通风条件，确保牛舍内的有害气体能够及时排出，保持空气清新。最后，牛舍应远离污染源，如工厂、垃圾处理场、屠宰场等，避免受到工业废气、废水和噪声的污染。

在布局方面，牛舍应进行合理规划，确保牛舍、饲料储存区、粪便处理区、挤奶区等功能区域相对独立，避免相互干扰。牛舍的朝向应根据当地气候条件和太阳辐射情况来确定，通常建议坐北朝南，以便充分利用自然光照，提升牛舍温度，减少冬季热量流失。同时，牛舍之间的间距应合理设置，确保有足够的通风和采光空间。

（二）建筑结构

牛舍的建筑设计需兼顾保温、隔热、通风和防雨等功能，以确保奶牛的生活环境舒适且健康。屋顶可采用双层结构，中间填充保温材料，如聚苯乙烯泡沫板或岩棉，以增强保温性能。墙体材料可选择砖墙、彩钢板或预制混凝土板，并在外侧进行保温处理，例如涂抹保温砂浆或粘贴保温板，以提高隔热效果。牛舍的窗户设计应适中，合理设置通风口，确保空气流通顺畅。同时，窗户的朝向需兼顾夏季遮阳和冬季采光的需求，可安装遮阳板或窗帘等设施，以调节室内光照和温度。

地面设计应平整、防滑且易于清洁和消毒。常见的地面材料包括水泥地面、橡胶地面和漏缝地板。水泥地面需进行防滑处理，如拉毛或刻槽，以防止奶牛滑倒。橡胶地面具有弹性好、保暖性强、减少肢蹄损伤等优点，但成本较高。漏缝地板则便于粪便和污水的排放，易于清理，但需定期维护，防止堵塞。通过合理设计，牛舍可以为奶牛提供安全、舒适的生活环境。

（三）设施设备配置

牛舍内应配置必要的设施设备，以满足奶牛的生活和生产需求。包括卧床、饲料槽、饮水设备、通风设备、降温设备等（图7-2）。卧床应铺设柔软的垫料，如稻草、木屑、橡胶垫等，为奶牛提供舒适的休息场所。饲料槽应设计合理，便于奶牛采食，且应定期清理，防止饲料霉变。饮水设备应保证充足的清洁饮水供应，可采用自动饮水器或水槽等形式。通风设备可采用自然通风和机械通风相结合的方式，根据季节和天气情况合理调整通风量。降温设备如风扇、喷淋系统等，可在夏季高温时为奶牛降温，缓解热应激。

图7-2 牛卧床

二、温湿度控制

（一）温度控制

荷斯坦奶牛最适宜的生活温度通常在 5～25℃，这一范围内其生理机能和生产性能能够达到最佳状态。在冬季，需采取有效的保温措施，例如加厚牛舍的保温层、关闭门窗、使用暖风机或铺设垫料等，确保牛舍内温度不低于5℃。而在夏季，则需要重点防暑降温，可通过安装遮阳设施、加强通风、设置喷淋系统等方式，将牛舍内温度控制在25℃以下。此外，可以安装温度传感器和温控设备，实时监测并调节牛舍内的温度，为牛只提供舒适的环境。

（二）湿度控制

牛舍湿度过高会增加牛只患皮肤疾病和呼吸道疾病的风险，同时影响饲料质量和牛只采食量；而湿度过低则可能导致奶牛呼吸道黏膜干燥，增加感染风险。调节湿度的方法包括加强通风、控制饮水量以及及时清理粪便。在湿度过高时，可通过增加通风量、及时清理粪便和污水来减少水分蒸发；在湿度过低时，则可采用喷雾等方式适当增加空气湿度，以维持适宜的湿度水平（图7-3）。

（三）温湿度指数与热应激

温湿度指数（THI），又称湿热指标，通常用来形容畜禽养殖过程中是否处于热应激状态及其程度，是最经典的评价牛只热应激状态的指标。温湿度指数通过 $THI=0.72\times(Td+Tw)+40.6$ 或 $THI=(1.8\times Td+32)-(0.55-0.55\times RH\times 0.01)\times(1.8\times Td-26)$ 来进行计算，Td：干球温度（℃）；Tw：湿球温度（℃）；RH：相对湿度。当 THI 高于68时，牛只会出现热应激反应，主要表现为体温升高，呼吸急促，瘤胃蠕动性下降，食欲下降，采食量减少，抵抗力下降，易患多种疾病。所以当夏季环境温度和湿度高时，应及时开启喷淋和风扇，最大限度地降低牛只的热应激反应。

图7-3 喷淋系统

第四节 通风与光照

一、通风管理

（一）通风的重要性

良好的通风对牛舍环境至关重要，可以有效排出牛舍内的有害气体，如氨气、硫化氢和二氧化碳等，保持空气清新，降低奶牛呼吸道疾病的发生率。此外，通风还能调节牛舍内的温度和湿度，带走多余的热量和湿气，为奶牛提供舒适的生活环境。

（二）通风方式

牛舍的通风方式主要包括自然通风和机械通风两种。

自然通风：利用自然风力和热压差实现空气流通，具有成本低、节能的优点，但其效果受外界气候条件影响较大。

机械通风：通过安装风机、排风扇等设备强制空气流动，通风效果稳定，但运行成本较高（图7-4）。

在实际应用中，可根据牛舍的类型、规模和当地气候条件，选择单一的通风方式或结合自然通风与机械通风,以达到最佳效果。

图7-4 风机

二、光照管理

(一)光照的作用

充足的光照对牛只健康和生产性能具有积极影响。

(二)光照控制

牛舍内应尽量保证充足的自然光照,可通过合理设计窗户大小和朝向来实现。在自然光照不足的情况下,可采用人工照明进行补充。

第五节 卫生管理

一、日常清洁

每天应及时清理牛舍内的粪便、污水和剩余饲料,确保地面、墙壁和设备保持清洁卫生。此外,需定期对牛舍进行全面清扫,包括屋顶、门窗、通风口等部位,防止灰尘和杂物积聚,维持牛舍环境的整洁,减少疾病传播的风险。

二、消毒防疫

定期对牛舍进行消毒是防疫工作的重要环节。可使用过氧乙酸、氢氧化钠等消毒剂，对牛舍的地面、墙壁、设备和空气进行全面消毒。在疫病高发季节或引入新进牛只时，应适当增加消毒的频率和强度，以降低疾病传播的风险。同时，需做好免疫接种工作，按照防疫计划定期接种疫苗，预防常见疫病的发生，保障牛只健康和牛群安全。

第八章
育肥荷斯坦母牛的运输

在现代肉牛产业中，运输环节是育肥过程中的一个关键部分。荷斯坦淘汰母牛短期育肥不仅减少了资源浪费，更在短期内扩充肉牛的来源，在一定程度上缓解牛肉的供需矛盾。因为肉牛养殖区、育肥区和屠宰区的地理阻隔，不管是直接屠宰还是短期育肥后再屠宰，荷斯坦淘汰母牛均需要经历一段路程的长短途运输，使运输成为肉牛生产中的关键一环。科学合理的运输管理直接关系到其健康状况、后期育肥表现及最终的经济效益。运输不仅仅是单纯的物理转移过程，它涉及动物的应激反应、健康管理、环境控制等多个方面，这些因素共同影响荷斯坦淘汰母牛的生长发育、饲料转化率以及肉品质。

荷斯坦奶牛主要用于乳品生产，其育肥特性与传统肉用品种（如安格斯和夏洛莱）存在显著差异。例如，它们的饲料转化效率较低，脂肪沉积较慢，屠宰率和肉质特性不同于肉牛。由于其生理特性和对外界环境的敏感性，运输过程中的每个细节都可能对其产生显著影响。长途运输、拥挤或不适当的温湿度等环境因素都会加剧母牛的应激反应，进而影响其免疫系统、消化系统甚至繁殖功能。因此，如何降低运输中的应激、确保荷斯坦淘汰母牛的安全、健康和舒适，已经成为提升育肥效果和降低经济损失的关键所在。

第一节 运输的重要性与基本原则

一、运输的重要性

荷斯坦淘汰奶牛在育肥过程中的运输环节，不仅仅是动物从一个地点转移到另一个地点的物理过程，也是一个涉及动物福利、健康管理、生产效益等多个方面的复杂系统。运输的质量直接影响动物的应激水平、后期的饲养状态以及肉质的最终表现。首先，运输过程中，荷斯坦淘汰母牛通常会经历较长时间的禁食、局促空间、温度变化和外界噪声等因素，可能刺激动物产生应激反应。长期应激反应会导致血糖和皮质醇水平的升高，进而影响肠道功能、消化吸收效率以及免疫系统功能，甚至会增加动物罹患疾病的风险。其次，运输过程中，不规范操作或设备缺陷可能导致动物受伤、脱水或过度疲劳，影响其后期的生长发育与繁殖表现。研究表明，运输会导致牛只神经系统、免疫系统和代谢系统的紊乱，运输过程中产生的应激反应可能引起牛只食欲下降、免疫力下降、消化系统紊乱甚至生长停滞，从而影响其肉类产量和肉质品质。因此，科学合理的运输管理，不仅可以减少应激，保障动物健康，还能最大化提升育肥效果，减少经济损失。

二、运输的基本原则

为了减少运输环节对荷斯坦淘汰母牛造成的影响，应遵循以下基本原则。

（一）动物福利优先

运输过程中的动物福利应当放在首位。运输时应确保动物的生理需求得到满足，包括适当的空间、足够的通风、适宜的温度和湿度等。同时，应避免过度拥挤、长时间禁食和长途运输对动物带来的不必要压力，力求为荷斯坦淘汰母牛提供一个舒适、安全的环境。

（二）减少应激反应

在运输过程中，应通过一系列管理措施来减少动物的应激反应。主要包括：合理安排运输时间，避免在高温、暴雨等恶劣天气下进行运输；使用合适的运输车辆，确保车厢内的空间适宜，避免动物之间的冲突和受伤；同时，在运输前对动物进行适应性训练，帮助其适应新环境，减少陌生环境带来的应激。

（三）保证安全与健康

运输时，必须保证动物安全。运输工具（如运输车、船等）的选择应符合动物运输要求，确保通风、隔离、温控等设施的完备（图8-1）。运输前应对动物进行健康检查，确保其无传染病和明显健康问题，避免疾病传播。运输途中，应对动物进行定期检查，确保其状态良好，一旦发现异常情况应及时处理。

(四)高效与经济

在保证动物安全和福利的前提下,运输过程中应尽量提高效率,减少运输时间,降低运输成本。合理的路线规划、优化的运输工具选择以及合理的装载方式都有助于提高运输效率和降低成本。此外,运输后应及时管理动物,确保其快速适应新环境,顺利进入育肥模式。

(五)符合法规与标准

运输过程应遵守相关的法律法规和行业标准,确保符合国家和地区动物运输的相关要求。包括对运输车辆的标准、运输时间的限制、动物福利的保护措施等。合法合规的运输不仅是社会责任的体现,也是保障动物福利和健康的基本要求。

遵循上述原则,可有效减少运输应激,保障奶牛健康,提高育肥效果。

图 8-1　荷斯坦母牛运输

第二节　运输前的准备工作

运输前科学的准备工作是确保运输过程顺利、动物健康和运输风险最小化的关键环节。主要准备工作包括以下几个方面。

一、动物筛选与健康评估

1. 筛选标准

在运输前,应对所有待运输的母牛进行严格筛选,剔除存在明显健康隐患、体能不足或近期有病史的个体。

2. 健康检查

对每头牛进行常规健康检测,例如,体况评分、肢蹄健康、妊娠状态筛查,体温、心率、呼吸频率等指标检测,并结合疫病防控措施,确保所有个体均处于最佳状态。

3. 适应性评估

考虑到长途运输可能引起的应激反应,应提前对牛群进行适应性训练,使其逐步适应封闭、密集的运输环境,减少突发应激事件的发生(表8-1)。

表 8-1 可能不适合运输的情况

一般情况	具体情况
疾病/病症	病理过程、呼吸急促、充血性心力衰竭、全身性神经系统疾病、休克或濒死状态、发热、肺炎(对治疗无反应且伴有发热)、脐部感染、坏疽性乳腺炎、急性乳腺炎、胀气严重,表现出不适或虚弱、大量脓性分泌物、放线菌病、广泛癌症/白血病、酮病、多个脓肿、腹膜炎、尿结石引起腹胀等
生理病理状态	无力、消瘦、疲劳/衰竭、脱水、痛苦、体温过低、体温过高、热应激、乳房过度充血等
眼部病变	双眼失明、严重鳞状细胞癌等
受伤	严重开放性伤口或严重裂伤、残疾/虚弱、近期手术存在未愈合伤口、严重出血、受伤后需要拴绑以辅助治疗等
脱出	子宫脱出或严重直肠脱出、严重阴道脱出等
疝	疝导致以下情况之一:阻碍运动,包括动物在行走时后肢接触疝区、引起疼痛或痛苦、站立时疝区接触地面、伴有开放性伤口、溃疡或明显感染等
疼痛	无法在不增加痛苦的情况下移动/运输
跛行	无法支撑所有腿的重量、一条或多条腿严重跛行,表现出痛苦或运动受限、无法以快步速度行走(不能跟上健康牛群)、可能在运输过程中失去平衡、多个关节炎等
生殖状态	距分娩2周以内、胎盘可见等
近期分娩	过去48 h内分娩的

需要注意的是,如果需要运输体能不足的动物时,应该采取多种缓解措施降低体能不佳的动物在运输过程中遭受痛苦的风险,包括但不限于:增加应急计划、缩短行程时间、调整通风、增加垫料、避免极端天气条件、避免

通过陡峭坡道装载、最后装载和先卸载、提供躺下空间、增加监测频率、提供饲料、更频繁地饮水和休息，并使用镇痛药或其他适用的药物。尽管如此，这些缓解措施的有效性并不确定，即使使用了额外的缓解措施，牛只可能仍然会继续感到疼痛和不适，可能会加剧先前存在的状况，对后续育肥效果产生影响。

二、运输管理

1. 饲喂管理

在运输前 1～2 d 内，适当调整饲料供给和饮水计划，既可确保动物有足够的能量储备，又可避免运输过程中因饱食引起的消化问题。此外应该考虑补充电解质、添加抗应激添加剂来尽可能地预防应激发生。

2. 禁食与补水

根据运输距离和时间，科学安排适当的禁食期，预防运输中出现呕吐或腹泻等问题，同时确保在装载前适当补充水分。

3. 免疫与防疫措施

加强疫苗接种和驱虫工作，比如运输前注射抗应激针、接种口蹄疫疫苗，降低运输过程中疾病传播的风险。

4. 相关材料准备

依照中华人民共和国农业农村部公告第 2 号的规定，畜禽养殖场（户）出售或者运输荷斯坦淘汰母牛前，应当按照《中华人民共和国动物防疫法》和《动物检疫管理办法》规定，向当地动物卫生监督机构申报检疫，提交动物检疫申报单和相关动物疫病检测报告等申报材料。经检疫合格的，方可调运。动物疫病检测报告应当由动物疫病预防控制机构、通过质量技术监督部门资质认定的实验室或通过兽医系统实验室考核的实验室出具。

三、车辆及设备准备

1. 车辆条件

确保运输车辆符合动物运输标准，内部具备良好的通风、温控系统和防震设施。车辆内的设计应注重动物的舒适度，保证足够的活动空间，并配备防滑地面（橡胶垫层或秸秆铺垫，坡度 ≤ 15° 防止滑倒）和合理分隔。牛只运输过程中的空间要求应符合中华人民共和国出入境检验检疫行业标准《牛的饲养、运输、屠宰动物福利规范》（SN/T 3774—2014）中提到的要求。

依照中华人民共和国农业农村部公告第531号的规定，畜禽运输车辆应当符合下列条件：

（1）车厢壁及底部、隔离地板应当耐腐蚀、防渗漏、耐高温，便于清洗、消毒和烘干。

（2）具有防止动物排泄物等污物渗漏、遗撒的设施设备。

（3）随车配有清洗、消毒设备和消毒药品。

（4）跨省、自治区、直辖市运输的，应当配备符合交通运输部门要求的卫星定位系统车载终端。

（5）具有其他保障动物防疫的设施设备。

2. 环境监控与调控设备

配置温湿度传感器、监控摄像头等设备，实现对车内环境的实时监控，及时发现异常情况并采取应急措施。此外，应该依照特殊环境进行适配，夏季运输时应加装喷淋系统，控制车内温度。冬季运输时应该覆盖防风篷布，地面铺设稻壳或锯末保温，避免寒风直吹。

3. 安全设施

检查车辆的安全带、隔离栏等设施，确保在车辆颠簸或紧急情况下能够有效保护动物安全。

4. 路线规划与运输计划

最佳路线选择：根据运输距离、路况、气候条件及交通状况，精心设计运输路线，尽量选择平稳、通畅的道路，避免过多急转弯和颠簸路段。

5. 时间安排

合理安排运输时间，避免在高温、暴雨等恶劣天气下出车，必要时可提前预留中途休息站点，保障动物的稳定状态。

6. 应急预案

制定详细的应急预案，涵盖车辆故障、交通事故或突发健康问题等情况。

第三节　运输过程管理

运输过程是动物应激管理和安全保障的关键阶段。在运输过程中，既要确保动物的安全与舒适，又要严格执行操作规程，实时监控运输环境与动物状态。

一、装载与卸载管理

装卸是运输的重要要素,在装载之前,潜在的压力行为如环境变化和身体约束都可能影响牛只。尽量使用非斜坡式装卸设备,确需斜坡设备时,要为牛只提供坡度小于 20° 的斜面台,如果坡度大于 20°,应有辅助设施防止牛滑倒。驱赶过程中禁止用鞭打、刺、电击等方式驱赶牛只。

1. 装载操作

装载时应保持环境安静、秩序井然,避免突然的声响或强光刺激,尽量使动物在平静状态下进入运输车辆。装载时应采用分群管理,避免不同体重、体型或状态的动物混载导致相互挤压或伤害。

2. 卸载操作

卸载时应逐步、有序地将动物从车辆中释放,避免一次性大量集中卸载引发拥挤和混乱。卸载区域应提前检查,确保平整、防滑,减少动物在下车过程中因跌倒或撞击造成的损伤。

二、环境控制与监测

1. 温湿度调控

运输过程中,车内温度和湿度的稳定性直接影响动物的舒适度。应尽可能使环境温湿度处于适宜范围。

2. 实时监控

应实时关注车内环境参数及动物行为状态。一旦发现温度异常或动物出现明显不适,应立即调整设备或采取临时措施(停车通风、喷淋降温)。

3. 噪声与震动控制

在运输途中应尽可能降低车辆噪声和震动,避免急刹车,避开颠簸路段。减少对动物的刺激和干扰,从而降低应激反应的发生概率。

4. 禁水禁食时间

运输时间超过 8 h 需中途补水(可添加电解多维),禁食时间不应超过 24 h。

三、运输中的动物管理与应急处理

1. 定期巡视检查

在运输过程中,驾驶员或随车管理人员应定期巡视车厢,检查动物的体态、行为及健康状况,确保没有因长时间运输而出现严重应激或健康问题。

定时抽查牛只直肠温度和呼吸频率，持续鸣叫、频繁踱步的个体需额外注意。

2. 应急预案措施

针对可能发生的车辆故障、急病或意外情况，应事先设立应急处置小组，携带必要的医疗和救助设备，确保在第一时间内为受影响的动物提供紧急处理。

3. 信息记录与反馈

运输过程中应详细记录各项数据（如温湿度、运输时长、动物行为变化等），为后续运输评估和改进提供依据。

第四节 运输后的管理与评估

运输结束后，对荷斯坦淘汰母牛进行科学的后续管理和评估，不仅有助于及时发现和纠正运输过程中可能产生的问题，也为进一步优化运输流程提供实践依据。

一、卸载后的动物检查

1. 健康评估

卸载后，立即对所有动物进行全面检查，包括体温、呼吸、行为状态以及局部外伤等，判断是否存在因运输引起的应激反应或其他健康问题。

2. 数据记录

对检查结果进行详细记录，并与运输前的健康状况进行对比，评估运输对动物生理指标的影响，为后续管理提供数据支撑。

二、恢复管理

1. 环境适应与过渡

在运输后的初始阶段，应为动物提供一个安静、舒适且环境条件稳定的恢复场所，帮助其尽快适应新环境，并为牛只注射抗应激针。隔离观察 10~15 d，防止疫病传播，每日监测体温、采食量，异常个体转入病牛舍。逐渐与原群接触直至完全混群。

2. 补充饲喂与水分

及时补充充足的饮水（含 0.5% 电解质的 35~38℃ 温水，初期控制饮水量，避免暴饮）和易消化的饲料，恢复动物的体能，并预防因长途运输导致的脱水或能量不足。提供优质干草，逐步过渡到正常日粮。

3. 观察与干预

加强对动物行为和健康状态的持续观察，对发现的异常情况（如持续性不进食、精神不振等）进行及时干预和治疗。

三、数据收集与运输评估

1. 建立档案

对每次运输的所有环节（运输前、运输中、运输后）的数据进行系统整理，建立详细档案，为日后数据分析和经验总结提供依据。

2. 评估反馈

根据收集到的各项指标数据，定期进行运输效果评估，查找管理中的不足和风险点。通过对比不同运输方案的效果，逐步优化运输流程和管理措施，提高整体运输质量。

3. 技术改进建议

将评估过程中发现的问题和不足反馈给相关技术部门和管理人员，探讨改进措施，如调整车辆设备、改进装载方案或优化应急预案等，形成良性循环，不断提升运输管理水平。

第五节　未来发展与技术创新

随着动物福利标准的提高和运输技术的进步，畜禽运输管理正朝着更加智能化、环保化和高效化的方向发展。荷斯坦淘汰母牛未来的运输模式将更注重降低应激、提高动物福利，并借助科技手段优化管理。

一、智能化运输管理

智能监控系统与自动环境控制是畜禽运输的发展方向。采用物联网技术，在运输车内安装温湿度传感器、摄像头和卫星定位系统，实现对环境参数和动物行为的实时监测。通过大数据分析，预测和优化运输路径，减少运输时间，降低动物应激。此外，智能温控系统可根据车内温度和湿度的变化自动调节通风和冷却系统，确保适宜的环境条件。AI技术可以分析动物的生理状态,提前识别应激信号,并采取干预措施。

二、低应激运输技术

未来的运输车辆将采用符合动物福利的设计,如更宽敞的车厢、更优质的防滑地面、更好的减震系统等。采用自动供水系统,在长途运输中提供适量饮水,减少脱水风险。此外,研究表明,某些营养补充剂(如维生素C、精氨酸、益生菌等)可降低运输应激。未来可能会在运输前通过精准饲喂进行预防,减少母牛的焦虑和紧张。

总的来说,未来应该进一步研究如何优化运输前的饲养管理,探究抗应激的营养添加剂的作用,优化抗应激手段,使动物更能适应长途运输。开发更科学的应激评估体系,以客观数据量化运输对动物健康的影响。

参考文献

百家号，2022-01-27. 养牛最快多久可以出栏？牛什么时候出栏合适？这些判断标准请收藏［EB/OL］. https：//baijiahao.baidu.com/s?id=1721287116635217922.

曹雪，2019. 规模牛场的疫病防控措施［J］. 畜牧兽医科技信息（9）：1.

曾越，2023. 肉牛的饲养管理技术要点研究［J］. 今日畜牧兽医，39（5）：45-47.

常记河，2018. 浅谈高档牛肉的标准和生产技术要点［J］. 农民致富之友（6）：209.

陈传友，2021. 夏季肉牛养殖注意事项［J］. 养殖技术顾问（7）：44-45.

陈明，杨露，熊本海，2011. 奶牛营养需要量与日粮配制指南 [J]. 饲料工业，32（11）：41-46.

陈征，2020. 牛场建设的原则［J］. 当代畜禽养殖业（5）：2.

崔杰，薛冰，张庆治，2003. 牛舍的环境控制［J］. 辽宁畜牧兽医（2）：14-15.

丁娟，2021. 环境对肉牛养殖的影响［J］. 养殖技术顾问（9）：56，58.

杜玮，2007. 不同能量水平和不同营养调控剂对淘汰西门塔尔、荷斯坦奶牛育肥性能和肉品品质影响的比较研究［D］. 乌鲁木齐：新疆农业大学.

付瑶，史文清，2016. 从养殖环节浅谈如何生产高质雪花牛肉［J］. 草食家畜（6）：6-11.

甘庆宾，朱炳华，2007. 肉牛养殖的技术要点［J］. 吉林畜牧兽医，28（5）：31-32.

高腾云，张云涛，2011. 生态养殖场管理手册［M］. 北京：中国农业出版社.

河北省质量技术监督局，2014. 淘汰母牛育肥技术规程：DB13/T 2049-2014［S］.

贺健，2015. 春季奶牛疾病防控与饲养管理措施[J]. 湖北畜牧兽医，36（3）：12-13.

华源证券，2025-02-15. 残酷的美好：回顾2024，回答2025——2025年农林牧渔行业投资策略[EB/OL]. https://pdf.dfcfw.com/pdf/H3_AP202502051642797003_1.pdf?1738761685000.pdf

黄萌，李红宇，王德香，等，2021. 高产奶牛围产期精细化饲养日粮配制要点

[J]. 现代畜牧科技（1）：17–20.

开源证券，2024-12-29. 进口牛肉立案调查或提振短期牛肉价格，猪价新一轮下跌或逐步开启 —— 行业周报 [EB/OL]. https://pdf.dfcfw.com/pdf/H3_AP202412291641463114_1.pdf?1735501175000.pdf

拉萨市农业农村局，2021-11-05. 淘汰奶牛育肥技术［EB/OL］. https://nyncj.lasa.gov.cn/nync/c100774/202111/f44f7e7421904bb5a77a7a9ce62b312f/files/35d346c14231494dbd1ad44ad782e188.pdf.

李春芳，2013. 不同日粮营养水平对荷斯坦淘汰奶牛、奶公牛生长性能及肉品质的影响［D］. 保定：河北农业大学.

李麒，2022. 短途运输应激对秦川牛血液生理生化的影响及血液转录组特征分析［D］. 杨凌：西北农林科技大学.

刘镜，何光中，徐龙鑫，等，2016. 雪花牛肉生产技术的研究进展［J］. 贵州畜牧兽医，40（1）：29–32.

刘荣昌，李英，孙凤莉，等，2012. 浅谈奶牛日粮的合理配制与调整 [C]// 第三届中国奶业大会论文集. 151–153.

刘云飞，邢启明，李欣，等，2015. 电热水槽在寒冷地区奶牛场的使用效果［J］. 黑龙江畜牧兽医（1）：4.

栾立，2024-06-04. 淘汰奶牛变肉牛入市牛气不足，周期尚在底部 [N]. 第一财经日报（A01）.

孟质文，张瑞红，安玥，等，2014. 三段冷却方式对淘汰奶牛背最长肌宰后生化变化和嫩度的影响［J］. 中国兽医学报，34（4）：596–600.

米丽开·吐尔逊，2021. 奶牛疾病防控技术 [J]. 农家科技（下旬刊）（6）：110.

内蒙古自治区农牧厅，2024-07-09. 牛的长途运输科学管理及注意事项［EB/OL］. https://nmt.nmg.gov.cn/yw/syjs/yzy/202407/t20240709_2540223.html.

农向菱，2024. 育肥牛养殖技术全解析：从选种到市场前景［R］. 飞书研究院. https://www.feishu.cn/content/cattle-breeding.

欧四海，冯建丽，何开兵，等，2020. 德系弗莱维赫与荷斯坦的杂交代生长体重及残值效益研究 [J]. 养殖与饲料（6）：18–20.

帕提古丽·托乎提，2014. 淘汰奶牛肉用监督检疫规范探讨［J］. 草食家畜（2）：14–15.

潘维林. 2020. 牧场灭蝇工作方案［J］. 今日畜牧兽医，奶牛（6）：2.

鹏都农牧，2023-08-31. 鹏都农牧股份有限公司 2023 年半年度报告 [EB/OL].

http://notice.10jqka.com.cn/api/pdf/11de56edce3c99a1.pdf.

齐德旭，毕海鑫，2019. 分析冬季奶牛疾病防控技术 [J]. 兽医导刊（22）：93.

青岛晚报，2024-06-13. 牛肉价格为何持续下跌？ [EB/OL]. https://epaper.guanhai.com.cn/conpaper/qdwb/resfile/2024-06-13/A12/qdwb-20240613-A12.pdf.

渠桂金，2007. 淘汰奶牛的育肥技术［J］. 河北农业科技（5）：41.

石盼盼，2018. 我国雪花牛肉分级技术研究进展［J］. 安徽农业科学，46（8）：29-30，65.

搜狐网，2022-10-13. 淘汰母牛怎么喂料长得好？淘汰牛的育肥效益如何？［EB/OL］. https://www.sohu.com/a/592427203_100150081.

搜狐网，2025-02-07. 2024年全国肉牛出栏5099万头，存栏1亿头；羊出栏3.2亿只，存栏3亿只！[EB/OL]. https://www.sohu.com/a/856414701_120088066.

孙丽萍，宋亚攀，郭爱珍，等，2015. 暴雨后的奶牛疾病防控及思考 [C]// 第七届全国牛病防制及产业发展大会论文集．294-297.

孙鹏，张松山，2018. 肉牛健康养殖关键技术［M］. 北京：中国农业科学技术出版社．

孙鹏，2024. 奶公牛育肥饲养管理关键技术［M］. 北京：中国农业科学技术出版社．

陶志云，郝庆斌，甘文平，2017. 奶牛饲料的加工方法以及日粮配制的要求 [J]. 现代畜牧科技（12）：43.

特古斯花，2023. 肉牛的养殖方法和技术分析［J］. 中国畜牧业（22）：77-78.

王红萍，王刚，2013. 浅谈雪花牛肉的加工与发展趋势［J］. 肉类工业（12）：49-52.

王金龙，2024. 和牛改良和饲养管理技术的推广运用［J］. 吉林畜牧兽医，45（7）：112-114.

王靖俊，刘帅，彭容，等，2022. 中国规模化牧场后备奶牛疾病与淘汰现状［J］. 中国奶牛（2）：61-66.

王岩青，2019. 冬季奶牛疾病防控技术［J］. 中国畜禽种业，15（3）：140.

王怡，2024. 基因检测技术在奶牛疾病防控中的应用［J］. 今日畜牧兽医，40（10）：26-28.

王颖达，2024. 肉牛养殖技术探究［J］. 中外食品工业（5）：111-113.

网易号，2023-03-18. 肉牛养殖及加工行业发展概况及供应情况、发展驱动因素、趋势前景 [EB/OL]. https://www.163.com/dy/article/I03RME2R0518WMF4.

html.

韦人, 王秀清, 杨莉萍, 等, 2013. 规模奶牛场如何做好灭蝇工作 [J]. 中国乳业 (5): 2.

韦人, 杨莉萍, 孙红玲, 等, 2013. 北方地区规模奶牛场灭蝇措施 [J]. 北方牧业 (9): 1.

西部担保, 2021-11-16. 一周金融动态 [EB/OL]. https://pdf.dfcfw.com/pdf/H3_AP202011191430880234_1.pdf?

夏青, 张瑞华, 苏衍菁, 等, 2021. 某规模化奶牛养殖集团成年母牛淘汰原因及淘汰规律研究 [J]. 上海畜牧兽医通讯 (6): 29-32.

新浪财经, 2022-03-22. 2022 年中国肉牛养殖市场发展现状分析 存栏出栏规模齐创新高 [EB/OL]. https://finance.sina.cn/2022-03-22/detail-imcwipih9930812.d.html?from=wap.

徐刚, 2025. 夏季奶牛场管理要点 [C] // 第三届中国奶业大会.

徐军, 2016. 奶牛日粮配制的要点 [J]. 现代畜牧科技 (1): 41.

薛国平, 冯海清, 孙宝华, 等, 2021. 奶牛场灭蝇方案 [J]. 今日畜牧兽医 (6): 54-55.

薛永杰, 2021. 河北省肉牛产业竞争力研究 [D]. 保定: 河北农业大学.

杨惠, 刘一明, 2024-07-01. 肉价持续下跌, 肉牛产业或迎来调整机遇 [N]. 农民日报 (6).

杨泽霖, 张利宇, 2012. 我国肉牛产业发展现状及建议 [J]. 中国畜牧杂志, 48 (8): 5-9.

搜狐, 2022. 淘汰母牛怎么喂料长得好? 淘汰牛的育肥效益如何 [EB/OL]. https://www.sohu.com/a/654852073_121268526.

岳康宁, 李秋凤, 曹玉凤, 等, 2018. 不同能量水平日粮对淘汰荷斯坦育成母牛生长性能和屠宰性能的影响 [J]. 中国畜牧兽医, 45 (2): 392-399.

岳康宁, 李秋凤, 曹玉凤, 等, 2019. 不同能量水平日粮对 2～3 胎淘汰荷斯坦母牛育肥性能的影响 [J]. 畜牧与兽医, 51 (1): 29-34.

岳康宁, 2018. 日粮能量水平对淘汰荷斯坦母牛育肥性能的影响及机理研究 [D]. 保定: 河北农业大学.

岳翔, 2020. 健康养殖技术对奶牛疾病防控效果观察 [J]. 畜牧业环境 (16): 56-57.

张进邦, 宋庆伟, 孟法胜, 等, 2011. 规模化奶牛场配制 TMR 日粮的简便方法

[J]. 今日畜牧兽医（奶牛）（8）: 71-73.

张力仁, CARL DAVIS, 徐怀南, 2012. 奶牛日粮的营养成分与平衡日粮的配制方法 [J]. 中国奶牛（15）: 47-54.

张瑞华, 张峥臻, 张克春, 2014. 上海地区规模奶牛场夏季物理降温模式调查及其效果测定［C］// 中国奶业大会.

张长春, 2016. 奶牛饲料加工及日粮配制 [J]. 现代畜牧科技（10）: 61.

张峥臻, 2017-06-14.【权威解读】亚急性瘤胃酸中毒［EB/OL］. 搜狐网. https://www.sohu.com/a/148738364_765452.

赵学毅, 梁傲男, 2024-07-06. 原奶企业经营承压业界欲以"增效"跨越周期 [N]. 证券日报（B02）.

中华人民共和国国家质量监督检验检疫总局, 2014. 牛的饲养、运输、屠宰动物福利规范: SN/T 3774-2014［S］.

周国胜, 2013. 奶牛日粮配制及检测方法 [J]. 今日畜牧兽医（奶牛）（6）: 71-72.

朱贵, 韩永胜, 朱志琼, 等, 2022. 国内和牛雪花牛肉产业现状及前景分析［J］. 现代畜牧科技（5）: 12-16.

邹天红, 李牲屾, 于省波, 等, 2010. 牛舍湿度对奶牛福利的影响［J］. 北方牧业: 奶牛（1）: 1.

中华人民共和国农业农村部, 2022. 鲜、冻分割牛肉: GB/T 17238—2022［S］. 北京: 中国标准出版社.

中华人民共和国农业农村部, 2022. 畜禽肉质量分级 牛肉: GB/T 29392—2022［S］. 北京: 中国标准出版社.

中华人民共和国农业农村部, 2021. 肉用母牛体况评分技术规范: GB/T 41194—2021［S］. 北京: 中国标准出版社.

AAWSG（Government of Australia）, 2012. Australian Animal Welfare Standards and Guidelines［S］. https://www.agriculture.gov.au/agriculture-land/animal/welfare/standards-guidelines.

BACHELARD N, 2022. Animal transport as regulated in Europe: a work in progress as viewed by an NGO［J］. Animal Frontiers: The Review Magazine of Animal Agriculture, 12（1）: 16-24.

CHAR（Government of Canada）, 2022. Health of Animals Regulations（CRC, c. 296）［S］. https://www.laws-lois.justice.gc.ca/eng/regulations/C.R.C.,_c._296/

index.html.

DVFA (The Danish Veterinary and Food Administration), 2019. Transport guide [R].

EFSA Panel on Animal Health and Welfare (AHAW), Nielsen S S, Alvarez J, et al, 2022. Welfare of cattle during transport [J]. EFSA Journal, 20 (9): e07442.

Enemark J M, 2008. The monitoring, prevention and treatment of sub-acute ruminal acidosis (SARA): a review [J]. Vet J, 176 (1): 32–43.

KIM S I, Park S, Myung J H, et al., 2021. Effect of fattening period on growth performance, carcass characteristics, and economic traits of Holstein steers[J]. J Anim Sci Technol, 63 (5): 1008–1017.

Meat and Livestock Australia and LiveCorp, 2011. Management of unfit-to-load transport [R]. Sydney, Australia. https: //futurebeef.com.au/wp-content/uploads/2019/01/Management-of-unfit-to-load-livestock.pdf.

MLA(Meat & Livestock Australia), 2019. Is the animal fit to load? A national guide to the pre-transport selection and management of livestock [R]. https://www.mla.eu/siteassets/articles/documents--pdf/Fit-To-Load-Guide-2019.

Ontario Farm Animal Council, 2010. Caring for compromised cattle [R]. https://www.farmfoodcareon.org/wp-content/uploads/2016/04/CaringCompromisedCattle.pdf.

PURWIN C, WYŻLIC I, POGORZELSKA-PRZYBYŁEK P, et al., 2024. Influence of gender status and feeding intensity on the growth curves of body weight, dry matter intake and feed efficiency in crossbred beef cattle[J]. Journal of Animal and Feed Sciences, 33 (1): 101–110.

ROMERO J J, MACIAS E G, MA Z X, et al., 2016. Improving the performance of dairy cattle with a xylanase-rich exogenous enzyme preparation [J]. J Dairy Sci, 99 (5): 3486–3496.

SILVESTRE T, FETTER M, RÄISÄNEN S E, et al., 2022. Performance of dairy cows fed normal- or reduced-starch diets supplemented with an exogenous enzyme preparation [J]. J Dairy Sci, 105 (3): 2288–2300.

SPARKE E J, YOUNG B A, GAUGHAN J B, et al., 2001. Heat load in feedlot cattle [R]. Meat and Livestock Australia. North Sydney, NSW, Australia.

TÜRKGELDI B, KOÇ F, LACKNER M, et al., 2023. Infrared Thermography Assessment of Aerobic Stability of a Total Mixed Ration: An Innovative Approach to Evaluating Dairy Cow Feed [J]. Animals (Basel), 13 (13): 2225.

VAN SAUN R J, 1991. Dry cow nutrition. The key to improving fresh cow performance [J]. Vet Clin North Am Food Anim Pract, 7 (2): 599-620.

WOAH (World Organisation of Animal Health), 2011. Chapter 7.3. Transport of animals by land [S]. https://www.woah.org/en/what-we-do/standards/codes-and-manuals/terrestrial-code-online-access/?id=169&L=1&htmfile=chapitre_aw_land_transpt.htm.